普通高等院校新工科建设系列——人工智能与智能科学

人工智能导论

主　编 ‖ 谢国坤　董三锋　徐根祺　肖焕丽　孙　敏
副主编 ‖ 周　璇　马吉祥　周　方　陈婵娟　王自全
主　审 ‖ 石广田

西南交通大学出版社
·成　都·

图书在版编目（CIP）数据

人工智能导论 / 谢国坤等主编. -- 成都：西南交
通大学出版社，2023.12
（普通高等院校新工科建设系列. 人工智能与智能科
学）
ISBN 978-7-5643-9533-9

Ⅰ．①人… Ⅱ．①谢… Ⅲ．①人工智能 – 高等学校 –
教材 Ⅳ．①TP18

中国国家版本馆 CIP 数据核字（2023）第 225122 号

普通高等院校新工科建设系列——人工智能与智能科学

Rengong Zhineng Daolun

人工智能导论

主　编／谢国坤　董三锋　徐根祺　肖焕丽　孙　敏　　　　责任编辑／陈　斌
　　　　　　　　　　　　　　　　　　　　　　　　　　　　封面设计／GT 工作室

西南交通大学出版社出版发行
（四川省成都市金牛区二环路北一段 111 号西南交通大学创新大厦 21 楼　610031）
营销部电话：028-87600564　　　028-87600533
网址：http://www.xnjdcbs.com
印刷：四川森林印务有限责任公司

成品尺寸　185 mm × 260 mm
印张　10.5　　字数　238 千
版次　2023 年 12 月第 1 版　　印次　2023 年 12 月第 1 次

书号　ISBN 978-7-5643-9533-9
定价　45.00 元

　　近年来，人工智能发展迅猛，其影响和运用也深入到了社会生活的方方面面，对人类的衣食住行产生了巨大的改变，同时也在改变着传统或者现代的产业结构和人员配置。最新的人工智能技术正在开创一个全新的时代，这个时代将彻底改变我们的生活和工作方式。人工智能是研究开发用于模拟、延伸和扩展人的智能的理论、方法、技术及应用系统的一门新的技术科学。它是机器人工程、电气工程及其自动化、机械制造及其自动化、物联网工程等许多专业本科生的一门重要的技术基础课程，也是面向包括人文社科等全校所有专业的公选课之一，其研究领域及内容十分丰富，涉及基础面广。既能使学生了解本领域的概貌，又能适合学生的基础，便于他们在有限的时间完成学习任务，是一件重要而又困难的事情。

　　本书共 8 章，包括绪论、知识表示、搜索算法、推理技术、专家系统、机器学习、规划系统以及 Agent 系统，全面系统地介绍了人工智能的发展、表示方法以及经典算法等内容。其中，肖焕丽编写第 1 章，董三锋编写第 2 章，孙敏编写第 3 章，周方编写第 4 章，陈婵娟编写第 5 章，周璇编写第 6 章，徐根祺编写第 7 章，马吉祥编写第 8 章，重庆理工职业学院王自全编写了各章课后习题。全书由谢国坤统稿，石广田教授主审，任小文、王拓辉对本书部分内容提出了许多宝贵的意见，在此表示感谢。

　　本书的主要特点如下：

　　（1）全书层次分明，力求反映人工智能发展的最新理论和技术成果，强化理论和实践的结合。

　　（2）全书语言简明，章节结构组织合理，内容贴近实际，使读者能建构人工智能的基本观念与技术。

　　（3）以深入浅出、通俗易懂的编写方式，引发读者的自我学习兴趣，使读者能够既概略又具体地了解人工智能的基本知识。

（4）以人工智能的经典著作为依据，同时兼顾学科前沿热点，增加了全书的广度和深度。

本书由西安交通工程学院资助出版，在此感谢为本书撰写和出版提供帮助和支持的人士。

由于作者的视野和水平有限，书中难免出现疏漏之处，恳请广大读者批评指正并提出宝贵意见，同时向引用却无法明确标明文献出处的作者深表歉意。

编　者
2023 年 5 月 4 日

第 1 章　　绪　论

1.1　人工智能的定义和发展	001
1.2　人类智能与人工智能	003
1.3　人工智能的学派及其争论	004
1.4　人工智能的研究和应用领域	007
1.5　人工智能对人类的影响	013
1.6　对人工智能的展望	016
课后习题	018

第 2 章　　知识表示

2.1　确定性知识系统概述	019
2.2　确定性知识表示方法	025
2.3　确定性知识推理方法	050
课后习题	072

第 3 章　　搜索算法

3.1　搜索概述	074
3.2　状态空间	075
3.3　盲目搜索（通用搜索）策略	079
3.4　贪婪搜索策略	080
3.5　启发式搜索	081
3.6　与/或树的启发式搜索过程	089
课后习题	091

第 4 章　推理技术

4.1　推理的基本概念 ·· 093
4.2　消解原理 ·· 095
4.3　规则演绎系统 ·· 098
4.4　产生式系统 ·· 100
4.5　定性推理 ·· 101
4.6　不确定性推理关于证据的不确定性 ································ 102
4.7　非单调推理 ·· 103
课后习题 ·· 103

第 5 章　专家系统

5.1　专家系统的定义和分类 ·· 104
5.2　专家系统的结构和工作原理 ······································ 108
5.3　专家系统的开发 ·· 109
课后习题 ·· 112

第 6 章　机器学习

6.1　机器学习的发展 ·· 114
6.2　机器学习的类型 ·· 118
6.3　机器学习的基本结构 ·· 119
6.4　机器学习的算法 ·· 121
6.5　人工神经网络 ·· 122
课后习题 ·· 135

第 7 章　规划系统

7.1　规划的作用与任务 ·· 137
7.2　基于谓词逻辑的规划 ·· 138
7.3　STRIPS 规划系统 ··· 142
7.4　分层规划 ·· 147
课后习题 ·· 151

第 8 章　Agent 系统

8.1　智能体系统 ·· 152
8.2　多 Agent 系统 ··· 153
8.3　移动 Agent 系统 ··· 159
课后习题 ·· 160

参考文献 ·· 162

第 1 章　绪　论

　　人工智能学科从 1956 年正式提出算起，60 多年来取得了长足的发展，成为一门广泛的交叉和前沿科学。总的来说，人工智能的目的就是让计算机这台机器能够像人一样思考。如果希望做出一台能够思考的机器，那就必须知道什么是思考，更进一步讲就是什么是智慧。什么样的机器才是智慧的呢？科学家已经制作出了汽车、火车、飞机、收音机，等等，它们模仿我们身体器官的功能，但是能不能模仿人类大脑的功能呢？到目前为止，我们也仅仅知道这个装在我们天灵盖里面的东西是由数十亿个神经细胞组成的器官，我们对这个东西知之甚少，模仿它或许是天下最困难的事情了。

　　当计算机出现后，人类开始真正有了一个可以模拟人类思维的工具，在以后的岁月中，无数科学家为这个目标努力着。现在人工智能已经不再是几个科学家的专利了，全世界几乎所有大学的计算机系都有人在研究这门学科，学习计算机的大学生也必须学习这样一门课程，在大家不懈地努力下，现在计算机似乎已经变得十分聪明了。例如，1997 年 5 月，IBM 公司研制的深蓝（Deep Blue）计算机战胜了国际象棋大师卡斯帕洛夫（Kasparov）。大家或许不会注意到，在一些地方计算机帮助人进行其他原来只属于人类的工作，计算机以它的高速和准确为人类发挥着它的作用。人工智能始终是计算机科学的前沿学科，计算机编程语言和其他计算机软件都因为有了人工智能的进展而得以存在。

　　人工智能理论进入 21 世纪，正酝酿着新的突破——人工生命的提出，这不仅意味着人类试图从传统的工程技术途径，而且将开辟生物工程技术途径，去发展人工智能；同时人工智能的发展，又将作为人工生命科学的重要支柱和推动力量。可以预言：人工智能的研究成果将能够创造出更多、更高级的智能"制品"，并使之在越来越多的领域超越人类智能；人工智能将为发展国民经济和改善人类生活做出更大贡献。

1.1　人工智能的定义和发展

1.1.1　人工智能的定义

国际上人工智能研究作为一门科学的前沿和交叉学科，但像许多新兴学科一样，人工智能至今尚无统一的定义。要给人工智能下个准确的定义是困难的。人类的许多活动，如解算题、猜谜语、进行讨论、编制计划和编写计算机程序，甚至驾驶汽车和骑自行车，等等，都需要"智能"。如果机器能够执行这种任务，就可以认为机器已具有某种性质的"人工智能"。

不同科学或学科背景的学者对人工智能有不同的理解，提出不同的观点，人们称这些观点为符号主义（Symbolism）、连接主义（Connectionism）和行为主义（Actionism）等，或者叫作逻辑学派（Logicism）、仿生学派（Bionicsism）和生理学派（Physiologism）。此外还有计算机学派、心理学派和语言学派等。我们将在本书 1.3 节中综述他们的主要观点。这里，我们结合自己的理解来定义人工智能。这些定义是比较狭义的。

🤖 定义 1　智能机器（Intelligent Machine）

能够在各类环境中自主地或交互地执行各种拟人任务（Anthropomorphic Tasks）的机器。

例子 1：能够模拟人的思维，进行博弈的计算机。1997 年 5 月 11 日，一个名为"深蓝"（Deep Blue）的 IBM 计算机系统战胜当时的国际象棋世界冠军盖利·卡斯帕罗夫（Garry Kasparov）。

例子 2：能够进行深海探测的潜水机器人。

例子 3：在星际探险中的移动机器人，如美国研制的火星探测车。

🤖 定义 2　人工智能

斯坦福大学的 Nilsson 提出人工智能是关于知识的科学（知识的表示、知识的获取以及知识的运用），本书首先从学科的界定来定义：

- 人工智能（学科）是计算机科学中涉及研究、设计和应用智能机器的一个分支。它的近期主要目标在于研究用机器来模仿和执行人脑的某些智能功能，并开发相关理论和技术。

从人工智能所实现的功能来定义：

- 人工智能（能力）是智能机器所执行的通常与人类智能有关的功能，如判断、推理、证明、识别、感知、理解、设计、思考、规划、学习和问题求解等思维活动。

1.1.2　人工智能的起源与发展

人工智能的发展是以硬件与软件为基础。它的发展经历了漫长的发展历程。人们从很早就已开始研究自身的思维形成，早在亚里士多德（公元前 384—322 年）着手解释和编著他称之为三段论的演绎推理时就迈出了向人工智能发展的早期步伐，可以看作原始的知识表达规范。

什么是三段论？三段论是以直言判断为其前提的一种演绎推理，它借助于一个共同项，把两个直言判断联系起来，从而得出结论。例如：一切金属都是能够熔解的；铁是金属；所以，铁是能够熔解的。

1.2　人类智能与人工智能

1.2.1　研究认知过程的任务

人的心理活动具有不同的层次，它可以与计算机的层次相比较，见图 1-1。

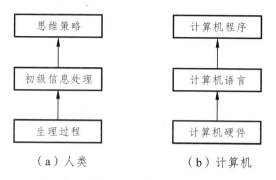

（a）人类　　　　　　（b）计算机

图 1-1　人类认知活动与计算机的比较

心理活动的最高层级是思维策略，中间一层是初级信息处理，最低层级是生理过程，即中枢神经系统、神经元和大脑的活动，与此相应的是计算机程序、语言和硬件。

研究认知过程的主要任务是探求高层次思维决策与初级信息处理的关系，并用计算机程序来模拟人的思维策略水平，而用计算机语言模拟人的初级信息处理过程。

1.2.2　智能信息处理系统的假设

物理符号系统的假设伴随有 3 个推论，或称为附带条件。

推论一：既然人具有智能，那么他（她）就一定是个物理符号系统。

推论二：既然计算机是一个物理符号系统，它就一定能够表现出智能。

推论三：既然人是一个物理符号系统，计算机也是一个物理符号系统，那么我们就能够用计算机来模拟人的活动。

控制论之父维纳 1940 年主张计算机五原则。维纳在 1940 年写给朋友的一封信中，对现代计算机的设计曾提出了几条原则：① 不是模拟式，而是数字式；② 由电子元件构成，尽量减少机械部件；③ 采用二进制，而不是十进制；④ 内部存放计算表；⑤ 在计算机内部存储数据。这些原则是十分正确的。

1940 年，维纳开始考虑计算机如何能像大脑一样工作。他发现了二者的相似性。维纳认为计算机是一个进行信息处理和信息转换的系统，只要这个系统能得到数据，机器本身就应该能做几乎任何事情。而且计算机本身并不一定要用齿轮、导线、轴、电机等部件制成。麻省理工学院的一位教授为了证实维纳的这个观点，甚至用石块和卫生纸卷制造过一台简单的能运行的计算机。维纳系统地创建了控制论，根据这一理论，一个机械系统完全能进行运算和记忆。

1.2.3 人类智能的计算机模拟

帕梅拉·麦考达克（Pamela McCorduck）在她著名的人工智能历史研究《机器思维》（Machine Who Think, 1979）中曾经指出：在复杂的机械装置与智能之间存在着长期的联系。从几世纪前出现的神话般的复杂巨钟和机械自动机开始，人们已对机器操作的复杂性与自身的智能活动进行直接联系。

著名的英国科学家图灵被称为人工智能之父，图灵不仅创造了一个简单的通用的非数字计算模型，而且直接证明了计算机可能以某种被理解为智能的方法工作。1950 年，图灵发表了题为《计算机能思考吗》的论文，给人工智能下了一个定义，而且论证了人工智能的可能性。定义智慧时，如果一台机器能够通过称之为图灵实验的实验，那它就是智慧的。图灵实验的本质就是让人在不看外形的情况下不能区别是机器的行为还是人的行为时，这个机器就是智慧的。

图灵测试：

游戏由一男（A）、一女（B）和一名询问者（C）进行；C 与 A、B 被隔离，通过电传打字机与 A、B 对话。询问者只知道两人的称呼是 X、Y，通过提问以及回答来判断，最终做出"X 是 A，Y 是 B"或者"X 是 B，Y 是 A"的结论。游戏中，A 必须尽力使 C 判断错误，而 B 的任务是帮助 C。

当一个机器代替了游戏中的 A，并且机器将试图使得 C 相信它是一个人。如果机器通过了图灵测试，就认为它是"智慧"的。

物理符号系统假设的推论一也告诉我们，人有智能，所以他是一个物理符号系统；推论三指出，可以编写出计算机程序去模拟人类的思维活动。这就是说，人和计算机这两个物理符号系统所使用的物理符号是相同的，因而计算机可以模拟人类的智能活动过程。

1.3 人工智能的学派及其争论

目前人工智能的主要学派有：符号主义、联结主义和行为主义。

任何新生事物的成长都不是一帆风顺的，人工智能也不例外。从人工智能孕育于人类社会的母胎时，就引起人们的争议。自 1956 年问世以来，人工智能也是在比较艰难的环境中顽强地拼搏与成长。一方面，社会上对人工智能的科学性有所怀疑，或者对人工智能的发展产生恐惧。在一些国家，甚至曾把人工智能视为反科学的异端邪说。在我国有一段时期，也有人把人工智能作为迷信来批判，以致连"人工智能"这个名词也不敢公开提及。另一方面，科学界内部对人工智能也表示怀疑。

真正的科学与任何其他真理一样，是永远无法压制的。人工智能研究必将排除千难万险，犹如滚滚长江，后浪推前浪，一浪更比一浪高地向前发展。在我国，人工智能科学也开始迎来了它的春天。

1.3.1　人工智能的主要学派

目前人工智能的主要学派有下列 3 家：

（1）符号主义（Symbolicism），又称为逻辑主义（Logicism）、心理学派（Psychlogism）或计算机学派（Computerism），其原理主要为物理符号系统（即符号操作系统）假设和有限合理性原理。

（2）联结主义（Connectionism），又称为仿生学派（Bionicsism）或生理学派（Physiologism），其原理主要为神经网络及神经网络间的连接机制与学习算法。

（3）行为主义（Actionism），又称进化主义（Evolutionism）或控制论学派（Cyberneticsism），其原理为控制论及感知-动作型控制系统。

他们对人工智能发展历史具有不同的看法。

1. 符号主义

符号主义认为人工智能源于数理逻辑。数理逻辑从 19 世纪末起就获迅速发展；到 20 世纪 30 年代开始用于描述智能行为。计算机出现后，又在计算机上实现了逻辑演绎系统。正是这些符号主义者，早在 1956 年首先采用"人工智能"这个术语。后来又发展了启发式算法→专家系统→知识工程理论与技术，并在 20 世纪 80 年代取得了很大发展。符号主义曾长期一枝独秀，为人工智能的发展做出重要贡献，尤其是专家系统的成功开发与应用，为人工智能走向工程应用和实现理论联系实际具有特别重要的意义。在人工智能的其他学派出现之后，符号主义仍然是人工智能的主流派。这个学派的代表有纽厄尔、肖、西蒙和尼尔逊（Nilsson）等。

2. 联结主义

联结主义认为人工智能源于仿生学，特别是人脑模型的研究。它的代表性成果是 1943 年由生理学家麦卡洛克（McCulloch）和数理逻辑学家皮茨（Pitts）创立的脑模型，即 MP 模型。60～70 年代，联结主义，尤其是对以感知机（Perceptron）为代表的脑模型的研究曾出现过热潮，由于当时的理论模型、生物原型和技术条件的限制，脑模型研究在 70 年代后期至 80 年代初期落入低潮。直到 Hopfield 教授在 1982 年和 1984 年发表两篇重要论文，提出用硬件模拟神经网络时，联结主义又重新抬头。1986 年鲁梅尔哈特（Rumelhart）等人提出多层网络中的反向传播（BP）算法。此后，联结主义势头大振，从模型到算法，从理论分析到工程实现，为神经网络计算机走向市场打下基础。现在，联结主义学派对人工神经网络（ANN）的研究热情仍然不减。

3. 行为主义

行为主义认为人工智能源于控制论。控制论思想早在 20 世纪 40～50 年代就成为时代思潮的重要部分，影响了早期的人工智能工作者。到 60～70 年代，控制论系统的研究取得一定进展，播下智能控制和智能机器人的种子，并在 80 年代诞生了智能控制和智能机器人系统。行为主义是近年来才以人工智能新学派的面孔出现的，引起许多人的兴趣与研究。

1.3.2 对人工智能基本理论的争论

不同人工智能学派对人工智能的研究方法问题也有不同的看法。这些问题涉及人工智能是否一定采用模拟人的智能的方法？若要模拟又该如何模拟？对结构模拟和行为模拟、感知思维和行为、对认知与学习以及逻辑思维和形象思维等问题是否应分离研究？是否有必要建立人工智能的统一理论系统？若有，又应以什么方法为基础？

1. 符号主义

符号主义认为人的认知基元是符号，而且认知过程即符号操作过程。它认为人是一个物理符号系统，计算机也是一个物理符号系统，因此，我们就能够用计算机来模拟人的智能行为，即用计算机的符号操作来模拟人的认知过程。也就是说，人的思维是可操作的。它还认为，知识是信息的一种形式，是构成智能的基础。人工智能的核心问题是知识表示、知识推理和知识运用。知识可用符号表示，也可用符号进行推理，因而有可能建立起基于知识的人类智能和机器智能的统一理论体系。

2. 联结主义

联结主义认为人的思维基元是神经元，而不是符号处理过程。它对物理符号系统假设持反对意见，认为人脑不同于电脑，并提出联结主义的大脑工作模式，用于取代符号操作的电脑工作模式。

他们对人工智能发展历史具有不同的看法。

3. 行为主义

行为主义认为智能取决于感知和行动（所以被称为行为主义），提出智能行为的"感知-动作"模式。行为主义者认为智能不需要知识、不需要表示、不需要推理；人工智能可以像人类智能一样逐步进化（所以称为进化主义）；智能行为只能在现实世界中与周围环境交互作用而表现出来。行为主义还认为：符号主义（还包括联结主义）对真实世界客观事物的描述及其智能行为工作模式是过于简化的抽象，因而是不能真实地反映客观存在的。

1.3.3 对人工智能技术路线的争论

如何在技术上实现人工智能系统、研制智能机器和开发智能产品，即沿着什么技术路线和策略来发展人工智能，也存在有不同的派别，即不同的路线。

1. 专用路线

专用路线强调研制与开发专用的智能计算机、人工智能软件、专用开发工具、人工智能语言和其他专用设备。

2. 通用路线

通用路线认为通用的计算机硬件和软件能够对人工智能开发提供有效的支持，并能够解决广泛的和一般的人工智能问题。通用路线强调人工智能应用系统和人工智能产品的开发，应与计算机立体技术和主流技术相结合，并把知识工程视为软件工程的一个分支。

3. 硬件路线

硬件路线认为人工智能的发展主要依靠硬件技术。该路线还认为智能机器的开发主要有赖于各种智能硬件、智能工具及固化技术。

4. 软件路线

软件路线强调人工智能的发展主要依靠软件技术。软件路线认为智能机器的研制主要在于开发各种智能软件、工具及其应用系统。

从上面的讨论我们可以看到，在人工智能的基本理论、研究方法和技术路线等方面，存在几种不同的学派，有着不同的论点，对其中某些观点的争论是十分激烈的。从"一枝独秀"的符号主义发展到多学派"百花争艳"，是一件大好事，必将促进人工智能的进一步发展。

对人工智能各种问题的争论可能还要持续几十年甚至几百年。尽管未来的人工智能系统很可能是集各家之长的多种方法的结合，但是单独研究各种方法仍然是必要的和有价值的。在努力实现某种主要目标之前，很可能有几种方法相互竞争和角逐。人工智能的研究者们已经开发和编制出许多表演系统和实用系统，这些系统显示出有限领域内的优良智能水平，有的系统甚至已具有商业价值。然而，已实现的人工智能系统仍远未达到人类所具有的那些几乎是万能的认知技巧。研究工作沿着许多不同的途径和方法继续进行，每种方法都有它的热烈的支持者和实践者。也许终有一天，他们会携起手来，并肩开创人工智能的新世界。

1.4　人工智能的研究和应用领域

在大多数学科中存在着几个不同的研究领域，每个领域都有其特有的感兴趣的研究课题、研究技术和术语。在人工智能中，这样的领域包括语言处理、自动定理证明、智能数据检索系统、视觉系统、问题求解、人工智能方法和程序语言以及自动程序设计等。在过去30多年中，已经建立了一些具有人工智能的计算机系统，例如，能够求解微分方程的、下棋的、设计分析集成电路的、合成人类自然语言的、检索情报的、诊断疾病以及控制太空飞行器和水下机器人的具有不同程度人工智能的计算机系统。

1.4.1　问题求解

人工智能的第一个大成就是发展了能够求解难题的下棋（如国际象棋）程序。在下棋程序中应用的某些技术，如向前看几步，并把困难的问题分成一些比较容易的子问题，发展成为搜索和问题归约这样的人工智能基本技术。今天的计算机程序能够下锦标赛水平的各种方盘棋、十五子棋和国际象棋。另一种问题求解程序把各种数学公式符号汇编在一起，其性能达到很高的水平，并正在为许多科学家和工程师所应用。有些程序甚至还能够用经验来改善其性能。

🤖 小知识：Deep Blue 简历

1985 年，美国卡内基-梅隆（Carnegie-Mellon）大学的博士生 Feng-hsiung Hsu 着手研制一个国际象棋的计算机程序："Chiptest"。1989 年 Hsu 与 Murray Campbell 加入了 IBM 的 Deep Blue 研究项目，最初研究目的是检验计算机的并行处理能力。几年后，研制小组开发了专用处理器，可以在每秒钟计算 2 000～3 000 步棋局。经历了数百次的失利，在科研人员的不断完善下，1997 年，Deep Blue 的硬件系统采用了 32 节点的大规模并行结构，每个节点由 8 片专用的处理器同时工作，这样，系统由 256 个处理器组成了一个高速并行计算机系统，研究小组又不断完善了博弈的程序。Deep Blue 发展为高水平的博弈大师，在国际象棋比赛规定的每步棋限时 3 分钟里，可以推演 1 000～2 000 亿步棋局。Garry Kasparov 的思考速度是 200 步/分。1997 年 5 月 11 日，Deep Blue 以 3.5：2.5 战胜了 Garry Kasparov。

1.4.2　逻辑推理与定理证明

逻辑推理是人工智能研究中最持久的子领域之一。其中特别重要的是要找到一些方法，只把注意力集中在一个大型数据库中的有关事实上，留意可信的证明，并在出现新信息时适时修正这些证明。对数学中臆测的定理寻找一个证明或反证，确实称得上是一项智能任务。为此不仅需要有根据假设进行演绎的能力，而且需要某些直觉技巧。

1976 年 7 月，美国的阿佩尔（K·Appel）等人合作解决了长达 124 年之久的难题——四色定理。他们用三台大型计算机，花去 1 200 小时 CPU 时间，并对中间结果进行人为反复修改 500 多处。四色定理的成功证明曾轰动计算机界，如图 1-2 所示。

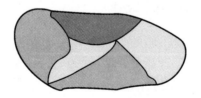

图 1-2　用四种颜色标注不同的区域

1.4.3　自然语言理解

NLP（Natural Language Processing）——自然语言处理也是人工智能的早期研究领域之一，已经编写出能够从内部数据库回答用英语提出的问题的程序，这些程序通过阅读文本材料和建立内部数据库，能够把句子从一种语言翻译为另一种语言，执行用英语给出的指令和获取知识等。有些程序甚至能够在一定程度上翻译从话筒输入的口头指令（而不是从键盘打入计算机的指令）。目前语言处理研究的主要课题是：在翻译句子时，以主题和对话情况为基础，注意大量的一般常识——世界知识和期望作用的重要性。

人工智能在语言翻译与语音理解程序方面已经取得的成就，发展为人类自然语言处理的新概念。

1.4.4 自动程序设计

也许程序设计并不是人类知识的一个十分重要的方面，但是它本身却是人工智能的一个重要研究领域，这个领域的工作叫作自动程序设计，人类已经研制出能够以各种不同的目的描述（例如高级语言描述，甚至英语描述算法）来编写计算机程序。这方面的进展局限于少数几个完全现成的例子。对自动程序设计的研究不仅可以促进半自动软件开发系统的发展，而且也使通过修正自身数码进行学习（即修正它们的性能）的人工智能系统得到发展。自动编制一份程序来获得某种指定结果的任务同证明一份给定程序将获得某种指定结果的任务是紧密相关的，后者叫作程序验证。许多自动程序设计系统将产生一份输出程序的验证作为额外收获。

1.4.5 专家系统

一般来说，专家系统是一个智能计算机程序系统，其内部具有大量专家水平的某个领域知识与经验，能够利用人类专家的知识和解决问题的方法来解决该领域的问题。也就是说，专家系统是一个具有大量专门知识与经验的程序系统，它应用人工智能技术，根据某个领域一个或多个人类专家提供的知识和经验进行推理和判断，模拟人类专家的决策过程，以解决那些需要专家决定的复杂问题。

当前的研究涉及有关专家系统设计的各种问题。这些系统是在某个领域的专家（他可能无法明确表达他的全部知识）与系统设计者之间经过艰苦地反复交换意见之后建立起来的。在已经建立的专家咨询系统中，有能够诊断疾病的（包括中医诊断智能机）、估计潜在石油等矿藏的、研究复杂有机化合物结构的以及提供使用其他计算机系统的参考意见等。发展专家系统的关键是表达和运用专家知识，即来自人类专家的并已被证明对解决有关领域内的典型问题是有用的事实和过程。专家系统和传统的计算机程序最本质的不同之处在于专家系统所要解决的问题一般没有算法解，并且经常要在不完全、不精确或不确定的信息基础上做出结论。

专家系统可以解决的问题一般包括解释、预测、诊断、设计、规划、监视、修理、指导和控制等。高性能的专家系统也已经从学术研究开始进入实际应用研究。随着人工智能整体水平的提高，专家系统也获得发展。正在开发的新一代专家系统有分布式专家系统和协同式专家系统等。在新一代专家系统中，不但采用基于规则的方法，而且采用基于模型的原理。

1.4.6 机器学习

学习能力无疑是人工智能研究上最突出和最重要的一个方面。人工智能在这方面的研究近年来取得了一些进展。学习是人类智能的主要标志和获得知识的基本手段。机器学习（自动获取新的事实及新的推理算法）是使计算机具有智能的根本途径。正如香克（R·Shank）所说："一台计算机若不会学习，就不能称为具有智能的。"此外，机器学习还有助于发现人类学习的机理和揭示人脑的奥秘。所以这是一个始终得到重视，理论正在创立，方法日臻完善，但远未达到理想境地的研究领域。

1.4.7　人工神经网络

由于冯·诺依曼（Von Neumann）体系结构的局限性，数字计算机存在一些尚无法解决的问题。人们一直在寻找新的信息处理机制，神经网络计算就是其中之一。

研究结果已经证明，用神经网络处理直觉和形象思维信息具有比传统处理方式好得多的效果。神经网络的发展有着非常广阔的科学背景，是众多学科研究的综合成果。神经生理学家、心理学家与计算机科学家的共同研究得出的结论是：人脑是一个功能特别强大、结构异常复杂的信息处理系统，其基础是神经元及其互联关系。因此，对人脑神经元和人工神经网络的研究，可能创造出新一代人工智能机——神经计算机。

人类对神经网络的研究始于20世纪40年代初期，经历了一条十分曲折的道路，几起几落。20世纪80年代初以来，人类对神经网络的研究再次出现高潮。霍普菲尔德（Hopfield）提出用硬件实现神经网络，鲁梅尔哈特（Rumelhart）等提出多层网络中的反向传播（BP）算法就是两个重要标志。现在，神经网络已在模式识别、图像处理、组合优化、自动控制、信息处理、机器人学和人工智能的其他领域获得日益广泛的应用。

1.4.8　机器人学

人工智能研究日益受到重视的另一个分支是机器人学，其中包括对操作机器人装置程序的研究。这个领域所研究的问题，从机器人手臂的最佳移动到实现机器人目标的动作序列的规划方法，无所不包。

机器人和机器人学的研究促进了许多人工智能思想的发展。它所导致的一些技术可用来模拟世界的状态，用来描述从一种世界状态转变为另一种世界状态的过程。它对于怎样产生动作序列的规划以及怎样监督这些规划的执行有了一种较好的理解。复杂的机器人控制问题迫使我们发展一些方法，先在抽象和忽略细节的高层进行规划，然后再逐步在细节越来越重要的低层进行规划。在本书中，我们经常应用一些机器人问题求解的例子来说明一些重要的思想。智能机器人的研究和应用体现出广泛的学科交叉，涉及众多的课题，如机器人体系结构、机构、控制、智能、视觉、触觉、力觉、听觉、机器人装配、恶劣环境下的机器人以及机器人语言等。机器人已在各种工业、农业、商业、旅游业、空中和海洋以及国防等领域获得越来越普遍的应用。

1.4.9　模式识别

计算机硬件的迅速发展，计算机应用领域的不断开拓，急切地要求计算机能更有效地感知诸如声音、文字、图像、温度、震动等信息资料，模式识别便得到迅速发展。

"模式"（Pattern）一词的本义指完美无缺地供模仿的一些标本。模式识别就是指识别出给定物体所模仿的标本。人工智能所研究的模式识别是指用计算机代替人类或帮助人类感知模式，是对人类感知外界功能的模拟，研究的是计算机模式识别系统，也就是使一个计算机系统具有模拟人类通过感官接受外界信息、识别和理解周围环境的感知能力。

模式识别是一个不断发展的新学科，它的理论基础和研究范围也在不断发展。随着生物医学对人类大脑的初步认识，模拟人脑构造的计算机实验即人工神经网络方法早在 20 世纪 50 年代末、60 年代初就已经开始。至今，在模式识别领域，神经网络方法已经成功地用于手写字符的识别、汽车牌照的识别、指纹识别、语音识别等方面。目前模式识别学科正处于大发展的阶段，随着应用范围的不断扩大，随着计算机科学的不断进步，基于人工神经网络的模式识别技术，将会在各种领域中发挥越来越重要的作用。

1.4.10 机器视觉

机器视觉或计算机视觉已从模式识别的一个研究领域发展为一门独立的学科。在视觉方面，人类已经给计算机系统装上电视输入装置以便能够"看见"周围的东西。视觉是感知外界的主要方式之一，在人工智能中研究的感知过程通常包含一组操作。例如，可见的景物由传感器编码，并被表示为一个灰度数值的矩阵。这些灰度数值由检测器加以处理。检测器搜索主要图像的成分，如线段、简单曲线和角度等。这些成分又被处理，以便根据景物的表面和形状来推断有关景物的三维特性信息。图 1-3 和图 1-4 所示分别为带有视觉的月球自主车和带有视觉的越野自主车。

图 1-3　带有视觉的月球自主车　　　　图 1-4　带有视觉的越野自主车

机器视觉的前沿研究领域包括实时并行处理、主动式定性视觉、动态和时变视觉、三维景物的建模与识别、实时图像压缩传输和复原、多光谱和彩色图像的处理与解释等。机器视觉已在机器人装配、卫星图像处理、工业过程监控、飞行器跟踪和制导以及电视实况转播等领域获得极为广泛的应用。

1.4.11　智能控制

人工智能的发展促进自动控制向智能控制发展。智能控制是一类无须（或需要尽可能少的）人的干预就能够独立地驱动智能机器实现其目标的自动控制。或者说，智能控制是驱动智能机器自主地实现其目标的过程。

随着人工智能和计算机技术的发展，人类已可能把自动控制和人工智能以及系统科学的某些分支结合起来，建立一种适用于复杂系统的控制理论和技术。智能控制正是在这种条件下产生的。它是自动控制的最新发展阶段，也是用计算机模拟人类智能的一个重要研究领域。1965 年，傅京孙首先提出把人工智能的启发式推理规则用于学习控制系统。10 多年后，建立实用智能控制系统的技术逐渐成熟。1971 年，傅京孙提出把人工智能与自动控制结合起来的思想。1977 年，美国萨里迪斯提出把人工智能、控制论和运筹学结合起来的思想。1986 年，中国蔡自兴提出把人工智能、控制论、信息论和运筹学结合起来的思想。按照这些结构理论，人类已经研究出一些智能控制的理论和技术，用来构造用于不同领域的智能控制系统。

智能控制的核心在高层控制，即组织级控制。其任务在于对实际环境或过程进行组织，即决策和规划，以实现广义问题求解。人类已经提出的用以构造智能控制系统的理论和技术有分级递阶控制理论、分级控制器设计的熵方法、智能逐级增高而精度逐级降低原理、专家控制系统、学习控制系统和基于神经（NN）的控制系统等。智能控制有很多研究领域，它们的研究课题既具有独立性，又相互关联。目前研究得较多的是以下 6 个方面：智能机器人规划与控制、智能过程规划、智能过程控制、专家控制系统、语音控制以及智能仪器。

1.4.12　智能检索

随着科学技术的迅速发展，出现了"知识爆炸"的情况。对国内外种类繁多和数量巨大的科技文献的检索远非人力和传统检索系统所能胜任。研究智能检索系统已成为科技持续快速发展的重要保证。数据库系统是储存某学科大量事实的计算机软件系统，它们可以回答用户提出的有关该学科的各种问题。

数据库系统的设计也是计算机科学的一个活跃的分支。为了有效地表示、存储和检索大量事实，人类已经发展了许多技术。当我们想用数据库中的事实进行推理并从中检索答案时，这个课题就显得很有意义。

1.4.13　智能调度与指挥

确定最佳调度或组合的问题是我们感兴趣的又一类问题。一个古典的问题就是推销员旅行问题，这个问题要求为推销员寻找一条最短的旅行路线。他从某个城市出发，访问每个城市一次，且只许一次，然后回到出发的城市。大多数这类问题能够从可能的组合或序列中选取一个答案，不过组合或序列的范围很大，试图求解这类问题的程序产生了一种组合爆炸的可能性。这时，即使是大型计算机的容量也会被用光。在这些问题中有几个（包括推销员旅行问题）是属于计算理论家称为网络处理器（NP）完全性一类的问题。他们根据理论上的最佳方法计算出所耗时间（或所走步数）的最坏情况来排列不同问题的难度。

智能组合调度与指挥方法已被应用于汽车运输调度、列车的编组与指挥、空中交通管制以及军事指挥等系统。

1.4.14 系统与语言工具

人工智能对计算机界的某些最大贡献已经以派生的形式表现出来。计算机系统的一些概念，如分时系统、编目处理系统和交互调试系统等，已经在人工智能研究中得到发展。几种知识表达语言（把编码知识和推理方法作为数据结构和过程计算机的语言）已在 20 世纪 70 年代后期开发出来，以探索各种建立推理程序的思想。特里·威诺格雷德（Terry Winograd）的文章《在程序设计语言之外》（1979 年）讨论了他的某些关于计算的未来思想，其中部分思想是在他的人工智能研究中产生的。20 世纪 80 年代以来，计算机系统，如分布式系统、并行处理系统、多机协作系统和各种计算机网络等，都有了发展。在人工智能程序设计语言方面，除了继续开发和改进通用和专用的编程语言新版本和新语种外，人类还研究出了一些面向目标的编程语言和专用开发工具，对关系数据库研究所取得的进展，无疑为人工智能程序设计提供了新的有效工具。

1.5 人工智能对人类的影响

人工智能的发展已对人类及其未来产生深远影响，这些影响涉及人类的经济利益、社会作用和文化生活等方面，下面逐一加以讨论。

1.5.1 人工智能对经济的影响

人工智能系统的开发和应用，已为人类创造出可观的经济效益，专家系统就是一个例子。随着计算机系统价格的继续下降，人工智能技术必将得到更大的推广，产生更大的经济效益。下面略举两例说明。

1. 专家系统的效益

成功的专家系统能为它的建造者、拥有者和用户带来明显的经济效益。用比较经济的方法执行任务而不需要有经验的专家，可以极大地减少劳务开支和培养费用。由于软件易于复制，所以专家系统能够广泛传播专家知识和经验，推广应用数量有限的和昂贵的专业人员及其知识。

如果保护得当，软件能被长期地和完整地保存。

专业领域人员（如医生）难以同时保持最新的实际建议（如治疗方案和方法），而专家系统却能迅速地更新和保存这类建议，使终端用户（如病人）从中受益。

2. 人工智能推动计算机技术发展

人工智能研究已经对计算机技术的各个方面产生并将继续产生较大影响。人工智能应用要求繁重的计算，促进了并行处理和专用集成片的开发。算法发生器和灵巧的数据结构获得应用，自动程序设计技术将开始对软件开发产生积极影响。所有这些在研究人工智能时开发出来的新技术，推动了计算机技术的发展，进而使计算机为人类创造更大的经济实惠。

1.5.2　人工智能对社会的影响

人工智能在给它的创造者、销售者和用户带来经济利益的同时，就像任何新技术一样，它的发展也引起或即将出现许多问题，并使一些人感到担心或懊恼。

1. 劳务就业问题

由于人工智能能够代替人类进行各种脑力劳动，将会使一部分人不得不改变他们的工种，甚至造成失业。人工智能在科技和工程中的应用，会使一些人失去介入信息处理活动（如规划、诊断、理解和决策等）的机会，甚至不得不改变自己的工作方式。

2. 社会结构变化

人们一方面希望人工智能和智能机器能够代替人类从事各种劳动，另一方面又担心它们的发展会引起新的社会问题。实际上，近十多年来，社会结构正在发生一种静悄悄的变化。"人-机器"的社会结构，终将为"人-智能机器-机器"的社会结构所取代。智能机器人就是智能机器之一。现在和将来的很多本来是由人承担的工作将由机器人来担任，因此，人们将不得不学会与有智能的机器相处，并适应这种变化了的社会结构。

3. 思维方式与观念的变化

人工智能的发展与推广应用，将影响到人类的思维方式和传统观念，并使它们发生改变。例如，传统知识一般印在书本报刊或杂志上，因而是固定不变的，而人工智能系统的知识库的知识却是可以不断修改、扩充和更新的。又如，一旦专家系统的用户开始相信系统（智能机器）的判断和决定，那么他们就可能不愿多动脑筋，变得懒惰，并失去对许多问题及其求解任务的责任感和敏感性。那些过分依赖计算器的学生，他们的主动思维能力和计算能力也会明显下降。过分地依赖计算机的建议而不加分析地接受，将会使智能机器用户的认知能力下降，并增加误解。在设计和研制智能系统时，应考虑到上述问题，尽量鼓励用户在问题求解中的主动性，让他们的智力积极参与问题求解过程。

4. 心理上的威胁

人工智能还使一部分社会成员感到心理上的威胁，或叫作精神威胁。人们一般认为，只有人类才具有感知精神，而且以此与机器相区别。如果有一天，这些人开始相信机器也能够思维和创作，那么他们可能会感到失望，甚至感到威胁。他们担心：有朝一日，智能机器的人工智能会超过人类的自然智能，使人类沦为智能机器和智能系统的奴隶。对于人的观念（更具体地指人的精神）和机器的观念（更具体地指人工智能）之间的关系问题，哲学家、神学家和其他人们之间一直存在着争论。按照人工智能的观点，人类有可能用机器来规划自己的未来，甚至可以把这个规划问题想象为一类状态空间搜索。当社会上一部分人欢迎这种新观念时，另一部分人则发现这些新观念是惹人烦恼的和无法接受的，尤其是当这些观念与他们钟爱的信仰和观念背道而驰时。

5. 技术失控的危险

任何新技术最大的危险莫过于人类对它失去了控制，或者是它落入那些企图利用新技术反对人类的人手中。有人担心机器人和人工智能的其他制品威胁人类的安全，为此，美国著名的科幻作家阿西莫夫（I·Asimov）提出了"机器人三守则"：

（1）机器人必须不危害人类，也不允许它眼看人类受害而袖手旁观。

（2）机器人必须绝对服从人类，除非这种服从有害于人类。

（3）机器人必须保护自身不受伤害，除非为了保护人类或者是人类命令它做出牺牲。

我们认为，如果把这个"机器人三守则"推广到整个智能机器，成为"智能机器三守则"，那么，人类社会就会更容易接受智能机器和人工智能。

人工智能技术是一种信息技术，能够极快地传递。我们必须保持高度警惕，防止人工智能技术被用于反对人类和危害社会的犯罪（有的人称之为"智能犯罪"）。同时，人类有足够的智慧和信心，能够研制出防范、检测和侦破各种智能犯罪活动的智能手段。

6. 引起的法律问题

人工智能的应用技术不仅代替了人的一些体力劳动，也代替了人的某些脑力劳动，有时甚至行使着本应由人担任的职能，免不了引起法律纠纷。比如医疗诊断专家系统万一出现失误，导致医疗事故，怎么样来处理？开发专家系统者是否要负责任？使用专家系统者应负什么责任？等等。

人工智能的应用将会越来越普及，正在逐步进入家庭，使用"机顶盒"技术的智能化电器已问世。可以预料，社会将会出现更多的与人工智能的应用有关的法律问题，需要社会在实践的基础上从法律角度做出对这些问题的解决方案。

人类要通过法律手段，对利用人工智能技术来反对人类和危害社会的犯罪行为进行惩罚，使人工智能技术为人类的利益做贡献。

1.5.3　人工智能对文化的影响

如前所述，人工智能可能改变人的思维方式和传统观念。此外，人工智能对人类文化有更多的影响。

1. 改善人类知识

在重新阐述我们的历史知识的过程中，哲学家、科学家和人工智能学家有机会努力解决知识的模糊性以及消除知识的不一致性。这种努力的结果，可能导致知识的某些改善，以便能够比较容易地推断出令人感兴趣的新的真理。

2. 改善人类语言

根据语言学的观点，语言是思维的表现和工具，思维规律可用语言学方法加以研究，但人的下意识和潜意识往往"只能意会，不可言传"。由于采用人工智能技术，综合应用语法、语义和形式知识表示方法，我们有可能在改善知识的自然语言表示的同时，把知识阐述为适用的人工智能形式。随着人工智能原理日益广泛传播，人们可能应用人工智能概念来描述他们生活中的日常状态和求解各种问题的过程。人工智能能够扩大人们交流知识的概念集合，为我们提供一定状况下可供选择的概念，描述我们所见所闻的方法以及描述我们的信念的新方法。

3. 改善文化生活

人工智能技术为人类文化生活打开了许多新的窗口，比如图像处理技术必将对图形艺术、广告和社会教育部门产生深远的影响；比如现有的智力游戏机将发展为具有更高智能的文化娱乐手段。

综上分析我们知道，人工智能技术对人类的社会进步、经济发展和文化提高都有巨大的影响。随着时间的推进和技术的进步，这种影响将越来越明显地表现出来。还有一些影响，可能是我们现在难以预测的。可以肯定，人工智能将对人类的物质文明和精神文明产生越来越大的影响。

1.6 对人工智能的展望

人工智能的近期研究目标在于建造智能计算机，用以代替人类从事脑力劳动，即使现有的计算机变得更聪明、更有用。正是根据这一近期研究目标，我们才把人工智能理解为计算机科学的一个分支。人工智能还有它的远期研究目标，即探究人类智能和机器智能的基本原理，研究用自动机（Automata）模拟人类的思维过程和智能行为。这个长期目标远远超出计算机科学的范畴，几乎涉及自然科学和社会科学的所有学科。我们将在本节中研究这一问题。

1.6.1 更新的理论框架

在重新阐述我们的历史知识的过程中，哲学家、科学家和人工智能学家有机会努力解决知识的模糊性以及消除知识的不一致性。这种努力的结果，可能导致知识的某些改善，以便能够比较容易地推断出令人感兴趣的新的真理。

人工智能研究尚存在不少问题，这主要表现在下列几个方面：

1. 宏观与微观隔离

一方面是哲学、认知科学、思维科学和心理学等学科所研究的智能层次太高、太抽象；另一方面是人工智能逻辑符号、神经网络和行为主义所研究的智能层次太低。这两方面之间相距太远，中间还有许多层次未予研究，无法把宏观与微观有机地结合起来和相互渗透。

2. 全局与局部割裂

人类智能是脑系统的整体效应，有着丰富的层次和多个侧面。但是，符号主义只抓住人脑的抽象思维特性；联结主义只模仿人的形象思维特性；行为主义则着眼于人类智能行为特性及其进化过程。它们存在明显的局限性，必须从多层次、多因素、多维和全局观点来研究智能，才能克服上述局限性。

3. 理论和实际脱节

大脑的实际工作，在宏观上我们已知道得不少；但是智能的千姿百态，变幻莫测，复杂得难以理出清晰的头绪。在微观上，我们对大脑的工作机制却知之甚少，似是而非，使我们难以找出规律。在这种背景下提出的各种人工智能理论，只是部分人的主观猜想，能在某些方面表现出"智能"就算相当成功了。

上述存在问题和其他问题说明，人脑的结构和功能要比人们想象的复杂得多，人工智能研究面临的困难要比我们估计的重大得多，人工智能研究的任务要比我们讨论过的艰巨得多。同时也说明，要从根本上了解人脑的结构和功能，解决面临的难题，完成人工智能的研究任务，需要寻找和建立更新的人工智能框架和理论体系，打下人工智能进一步发展的理论基础。

我们至少需要经过几代人的持续奋斗，进行多学科联合协作研究，才可能基本上解开"智能"之谜，使人工智能理论达到一个更高的水平。

1.6.2 更好的技术集成

这里我们将讨论另一种集成技术，即多学科智能集成技术。

人工智能技术是其他信息处理技术及相关学科技术的集成。实现这一集成面临许多挑战，如创造知识表示和传递的标准形式，理解各个子系统间的有效交互作用以及开发数值模型与非数值知识综合表示的新方法，也包括定量模型与定性模型的结合，以便以较快速度进行定性推理。

要集成的信息技术除数字技术外，还包括计算机网络、远程通信、数据库、计算机图形学、语音与听觉、机器人学、过程控制、并行计算和集群计算、虚拟技术、进化计算与人工生命、光计算和生物信息处理等技术。除了信息技术外，未来的智能系统还要集成认知科学、心理学与生物学、社会学、语言学、系统学和哲学等。计算不仅是智能系统支持结构的重要部分，而且是智能系统的活力所在，就像血液对于人体一样重要。

智能系统、认知科学和知识技术基本科学的发展，必将对未来工业和未来社会产生不可估量的影响。

1.6.3 更成熟的应用方法

硬件是人工智能实现的保证，软件是人工智能的核心。

许多人工智能应用问题需要开发复杂的软件系统，这促进了软件工程学科的出现与发展。由于人工智能应用问题的复杂性和广泛性，传统的软件设计方法显然是不够用和不适用的。人工智能软件所要执行的功能很可能随着系统的开发而变化。人工智能方法必须支持人工智能系统的开发实验，并允许系统有组织地从一个较小的核心原型逐渐发展为一个完整的应用系统。

人类可期望将会研究出通用而有效的人工智能开发方法、更高级的 AI 通用语言、更有效的 AI 专用语言与开发环境或工具以及人工智能开发专用机器将会不断出现及更新，从而为人工智能研究和开发提供有力的工具。

在应用人工智能时，还需要寻找与发现问题分类与求解的新方法，最终研究出使人工智能成功地应用于更多领域和更成熟的方法。

在当前的人工智能应用方法研究中，有几个引人注目的课题，即多种方法混合技术、多专家系统技术、机器学习（尤其是神经网络学习）方法、硬件软件一体化技术以及并行分布处理技术等。

随着人工智能应用方法的日渐成熟，人工智能的应用领域必将不断扩大。我们可以预言，人工智能、智能机器和智能系统比现在的电子计算机一定会有广泛得多的应用领域。哪里有人类活动，哪里就将应用到人工智能技术。

课后习题

一、选择题

1. 下列不属于人工智能学派的是：（　　　　）。
      A. 符号主义　　　　B. 机会主义　　　　C. 行为主义　　　　D. 联结主义

2. 人工智能产生于哪一年：（　　　　）。
      A. 1957　　　　　B. 1962　　　　　C. 1956　　　　　D. 1979

3. 要想让机器具有智能，必须让机器具有知识。因此，在人工智能中有一个研究领域主要研究计算机如何自动获取知识和技能，实现自我完善，这门研究分支学科叫：（　　　　）。
      A. 专家系统　　　　B. 机器学习　　　　C. 神经网络　　　　D. 模式识别

4. 获得"人工智能之父"桂冠的人是：（　　　　）。
      A. 图灵　　　　　B. 维纳　　　　　C. 冯·诺依曼　　　　D. 麦卡锡

5. 人工智能是一门（　　　　）。
      A. 数学和生理学　　　　　　　　　　B. 心理学和生理学
      C. 语言学　　　　　　　　　　　　　D. 综合性的交叉学科和边缘学科

二、简答题

1. 结合所学知识与个人认知，请简述什么是人工智能。
2. 简述"图灵测试"。

第 2 章　知识表示

　　人类的智能活动主要是获得并运用知识，知识是智能的基础。为了使计算机具有智能，能模拟人类的智能行为，就必须使它具有知识。但人类的知识需要用适当的模式表示出来，才能存储到计算机中并能够被运用。因此，知识的表示被称为人工智能中一个十分重要的研究课题。

　　知识是相关信息关联、结合在一起形成的一种信息结构。知识具有相对正确性、不确定性、可表示性和可利用性等特点。本章主要讨论知识表示方法、知识推理方法。在知识表示方法中，谓词逻辑、产生式系统和状态空间表示法属于非结构化的知识表示范畴；语义网络、框架和脚本技术属于结构化的知识表示范畴。不同的知识表示方法适用性不同，各有所长。

2.1　确定性知识系统概述

　　知识系统是指建立于知识表示和知识推理基础之上所形成的智能系统。

2.1.1　知识的概念

1. 知识的一般解释

　　知识是人们在长期的生活及社会实践中、在科学研究及实验中积累起来的对客观世界的认识与经验。人们把实践中获得的信息关联在一起，就形成了知识。一般来说，把有关信息关联在一起所形成的信息结构称为知识。

2. 知识的信息加工

　　知识是对信息进行智能加工所形成的对客观世界规律性的认识。知识的常用关联形式：如果……则……在人工智能中，这种知识被称为"规则"，它反映了信息之间的某种因果关系。例如，我国北方的人们经过多年的观察发现，每当冬天即将来临，就会看到一批批的大雁向南方飞去，于是把"大雁向南飞"与"冬天就要来临了"这两个信息关联在一起，得到了如下知识：如果大雁向南飞，则冬天就要来临了。

　　又如，"雪是白色的"也是一条知识，它反映了"雪"与"白色"之间的一种关系。在人工智能中，这种知识被称为"事实"。

2.1.2 知识的特性

1. 相对正确性

知识是人类对客观世界认识的结晶，并且受到长期实践的检验。因此，在一定的条件及环境下，知识是正确的。这里，"一定的条件及环境"是必不可少的，它是知识正确性的前提。因为任何知识都是在一定的条件及环境下产生的，因而也就只有在这种条件及环境下才是正确的。知识的这一特性称为相对正确性。例如，十进制：1 + 1 = 2，这是一条妇孺皆知的正确知识，但它也只是在十进制的前提下才是正确的；如果是二进制，它就不正确了，二进制中 1 + 1 = 10。知识：1 + 1 = ？ 在不同的进制下有不同的正确性。

在人工智能中，知识的相对正确性更加突出。除了人类知识本身的相对正确性外，在建造专家系统时，为了减少知识库的规模，通常将知识限制在所求解问题的范围内。也就是说，只要这些知识对所求解的问题是正确的就行。

例如，动物识别系统中，因为仅仅识别虎、金钱豹、斑马、长颈鹿、企鹅、鸵鸟、信天翁七种动物，所以知识"IF 该动物是鸟 AND 善飞，则该动物是信天翁"就是正确的。

2. 不确定性

由于现实世界的复杂性，信息可能是精确的，也可能是不精确的、模糊的；关联可能是确定的，也可能是不确定的。这就使知识并不总是只有"真"与"假"两种状态，而是在"真"与"假"之间存在许多中间状态，即存在为"真"的程度问题。知识的这一特性称为不确定性。

造成知识具有不确定性的原因是多方面的，主要有：

（1）由随机性引起的不确定性。由随机事件所形成的知识不能简单地用"真"或"假"来刻画，它是不确定的。

例如，"如果头痛且流涕，则有可能患了感冒"这条知识，虽然大部分情况是患了感冒，但有时候具有"头痛且流涕"的人不一定都是"患了感冒"。其中的"有可能"实际上就是反映了"头痛且流涕"与"患了感冒"之间的一种不确定的因果关系。因此，它是一条具有不确定性的知识。

（2）由模糊性引起的不确定性。由于某些事物客观上存在的模糊性，使得人们无法把两个类似的事物严格区分开来，不能明确地判定一个对象是否符合一个模糊概念；又由于某些事物之间存在着模糊关系，使得我们不能准确地判定它们之间的关系究竟是"真"还是"假"。像这样由模糊概念、模糊关系所形成的知识显然是不确定的。

例如，"如果张三长得很英俊，那么他一定很受欢迎"，这里的"长得很英俊""很受欢迎"都是模糊的。

（3）由经验引起的不确定性。人们对客观世界的认识是逐步提高的，只有在积累了大量的感性认识后才能升华到理性认识的高度，形成某种知识。因此，知识有一个逐步完善的过程。在此过程中，或者由于客观事物表露得不够充分，致使人们对它的认识不够全面；或者对充分表露的事物一时抓不住本质，使人们对它的认识不够准确。这种认识上的不完全、不准确必然导致相应的知识是不准确的、不确定的。不完全性是使知识具有不确定性的一个重要原因。知识并不总是只有"真"和"假"两种状态。客观世界中，存在着许多模糊、随机的状态。

2.1.3 知识的类型（见图 2-1）

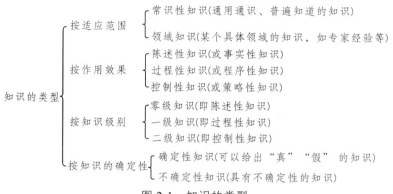

图 2-1 知识的类型

1. 按作用效果分类

（1）陈述性知识或事实性知识（零级）：用于描述事物的基本概念、定义、属性、状态、环境、条件、事实等。回答：是什么（what）、为什么（why）。

陈述性知识或事实性知识，即客观事物包含的对象以及对象之间的联系。陈述性知识的表示与知识推理是分开处理的。

（2）过程性知识或程序性知识（一级）：用于表示问题求解过程的行为、操作和计算，即是怎样使用事实性知识的知识。回答：怎么做（how）。

过程性知识通常都隐含在程序中。过程性知识是描述控制规则和控制结构的知识，会给出一些客观规律。

例如，一个编程程序：矩阵求逆，程序中就描述了关于矩阵的逆的知识和矩阵的逆的求解方法知识。

（3）控制性知识或策略性知识（二级）：这类知识是描述怎样使用过程性知识或程序性知识的知识。例如，推理策略、搜索策略、不确定性策略。

2. 按知识的确定性分类

（1）确定性知识：可以给出真值为真或假的知识。

（2）不确定性知识：具有不确定特性（不精确、模糊、随机、不完备、非单调等）的知识。

2.1.4 知识表示的概念和方法

1. 知识表示的解释

知识表示是对知识的描述。知识表示是用符号对知识进行编码，形成某种计算机认识的结构。就是将人类知识形式化或者模型化，知识表示也称为知识表示技术，它的表示方法丰富、不唯一。

2. 知识表示的要求

（1）知识表示能力：求解问题时，对知识进行正确、有效的表示。

（2）可利用性：知识的表示要有效、可行，方便进行知识推理。这就包括了对推理的适应性、高效算法的支持程度等。

（3）可组织性与可维护性：可组织性是按照某种方式把知识构建成知识结构。可维护性是指知识表示要简便，可对知识进行增、删、改等操作。

（4）可理解性与可实现性：可理解性是指知识要可读、易懂、易获取等。可实现性是指知识的表示要便于在计算机上实现。

2.1.5　知识表示的类型

1. 按知识的不同存在方式分类

（1）陈述性知识表示：将知识用某种数据结构来表示。陈述性知识表示知识的本身和使用的过程是分离的。

（2）过程性知识表示：知识和使用知识的过程结合在一起。

2. 知识表示的基本方法

（1）非结构化方法：一阶谓词逻辑、产生式规则。

（2）结构化方法：语义网络、框架。

（3）知识表示的其他方法：状态空间法、问题归约法。

2.1.6　推理的概念

1. 推理的心理学观点

按照心理学的观点，推理是由具体事例归纳出一般规律，或者根据已有知识推出新的结论的思维过程。心理学对推理有以下两种解释：

（1）从结构的角度。

推理由两个以上的判断组成，是对已有判断进行分析和综合，再得出新的判断的过程。

例1：若有以下两个判断：

计算机系的学生都会编程序；

程强是计算机系的一名学生；则可得出下面第三个判断：

程强会编程序。

（2）从过程的角度。

推理是在给定信息和已有知识的基础上进行的一系列加工操作。由此，得出了如下推理的公式：

$$y = F(x, k)$$

其中，x 为推理时给出的信息，k 为推理时可用的领域知识和特殊事例，F 为可用的一系列操作，y 为推理过程所得到的结论。

2. 推理的心理学过程

从心理学的角度讲，推理是一种心理过程，主要有以下几种形式：

（1）三段论推理，它是由两个假定真实的前提和一个可能符合也可能不符合这两个前提的结论组成。例如，上面给出的计算机系学生的例子。

（2）线性推理，也称线性三段论，这种推理的三个判断之间具有线性关系。例如"5比 4 大""4 比 3 大"，因此可推出"5 比 3 大"。

（3）条件推理，即前一命题是后一命题的条件。例如，"如果一个系统会使用知识进行推理，那么我们就称它为智能系统"。

（4）概率推理，即用概率来表示知识的不确定性，并根据所给出的概率来估算新的概率。

2.1.7 推理的机器实现

人工智能中的推理是由推理机完成的。所谓推理机，是指系统中用来实现推理的那段程序。根据推理所用知识的不同、推理方式和推理方法的不同，推理机的构造也有所不同。

1. 推理方法

推理方法：是指实现推理的具体办法。

推理解决的主要问题：推理过程中前提与结论之间的逻辑关系以及不确定性推理中不确定性的传递问题。

2. 推理方法的类型（见图 2-2）

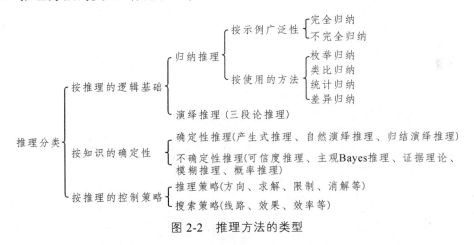

图 2-2 推理方法的类型

（1）演绎推理，由一般到个别的推理方法，即从已知的一般性知识出发，去推出蕴含在这些已知知识中的适合于某种个别情况的结论。其核心是三段论，如假言推理、拒取式和假言三段论。

如假言三段论：

$$A \rightarrow B, \quad B \rightarrow C \Rightarrow A \rightarrow C$$

常用的三段论是由以下三部分组成的：

大前提：是已知的一般性知识或推理过程得到的判断；

小前提：是关于某种具体情况或某个具体实例的判断；

结论：是由大前提推出的，并且适合于小前提的判断。

例 2：例 1 所提到的例子有如下三个判断：

计算机系的学生都会编程序；（是大前提，一般性知识）

程强是计算机系的一位学生；（是小前提，具体情况）

程强会编程序。（是经演绎推出来的结论）

（2）归纳推理，是一种由个别到一般的推理方法。归纳推理的类型，按照所选事例的广泛性可分为完全归纳推理和不完全归纳推理；按照推理所使用的方法可分为枚举、类比、统计和差异归纳推理等。

① 完全归纳推理，是指在进行归纳时需要考查相应事物的全部对象，并根据这些对象是否都具有某种属性，推出该类事物是否具有此属性。例如计算机质量检验。

② 不完全归纳推理，是指在进行归纳时只考查了相应事物的部分对象，就得出了关于该事物的结论。例如，计算机随机抽查。

③ 枚举归纳推理，是指在进行归纳时，根据某类事物的部分对象具有某种属性，并且在枚举中没有遇到相反情况，从而推出该类事物的全部对象都具有某种属性的归纳推理。枚举归纳推理结论断定的范围已经超出了前提断定的范围，虽然在被考察的对象中没有遇到反例，但并不意味着事实上不存在反例或将来也不会遇到反例。很早以前，人们观察到英国的天鹅是白色的，德国的天鹅是白色的，法国的天鹅是白色的，所以，过去欧洲人长期都以为"天鹅都是白色的"。可是后来，人们在大洋洲发现了黑色的天鹅。可见，枚举归纳推理的结论是随机的。

④ 类比归纳推理，是指在两个或两类事物有许多属性都相同或相似的基础上，推出它们在其他属性上也相同或相似的归纳推理。其推理模式可表示为：

IF　　　　A 有属性 abc

AND　　　B 有属性 ab

THEN　　 B 可能有属性 c

（3）演绎推理与归纳推理的区别。

① 演绎推理是在已知领域内的一般性知识的前提下，通过演绎求解一个具体问题或者证明一个结论的正确性。它所得出的结论实际上早已蕴含在一般性知识的前提中，演绎推理只不过是将已有事实揭露出来，因此它不能增殖新知识。

② 归纳推理所推出的结论是没有包含在前提内容中的。这种由个别事物或现象推出一般性知识的过程，是增殖新知识的过程。

例如，一位计算机维修员，从书本知识到通过大量实例积累经验，是一种归纳推理方式。运用这些一般性知识去维修计算机的过程则是演绎推理。

2.1.8 推理控制策略及其分类

推理控制策略是指如何使用领域知识使推理过程尽快达到目标的策略。它可分为推理策略和搜索策略两类。

1. 推理策略

主要解决推理方向、冲突消解等问题，如：

（1）推理方向控制策略用于确定推理的控制方向，包括正向推理、逆向推理、混合推理及双向推理。

（2）求解策略是指仅求一个解，还是求所有解或最优解等。

（3）限制策略是指对推理的深度、宽度、时间、空间等进行的限制。

（4）冲突消解策略是指当推理过程有多条知识可用时，如何从这多条可用知识中选出一条最佳知识用于推理的策略。

2. 搜索策略

主要解决推理线路、推理效果、推理效率等问题。

2.2 确定性知识表示方法

逻辑在知识的形式化表示和机器自动定理证明方面发挥了重要的作用，其中最常用的逻辑是谓词逻辑，命题逻辑可以看作谓词逻辑的一种特殊形式。谓词逻辑严格地按照相关领域的特定规则，以符号串形式描述该领域有关客体的表达式，能够把逻辑论证符号化，并用于证明定理，求解问题。

2.2.1 谓词逻辑表示的逻辑学基础

1. 命 题

断言：一个陈述句称为一个断言。

命题：具有真假意义的断言称为命题。

2. 真 值

T：表示命题的意义为真。

F：表示命题的意义为假。

说明：一个命题不能同时既为真又为假；一个命题可在一定条件下为真，而在另一条件下为假。

3. 论 域

论域是指由所讨论对象的全体构成的集合，也称为个体域。论域中的元素称为个体。

4. 谓 词

用来表示谓词逻辑中的命题，形如 $P(x_1, x_2, \cdots, x_n)$，其中 P 是谓词，即命题的谓语，表示个体的性质、状态或个体之间的关系；$x_1, x_2, \cdots, x_n$ 是个体，即命题的主语，表示独立存在的事物或概念。

设 D 是个体域，$P: D_n \rightarrow \{T, F\}$ 是一个映射，其中，

$D_n = \{(x_1, x_2, \cdots, x_n) \mid x_1, x_2, \cdots, x_n \in D\}$

则称 P 是一个 n 元谓词，记为 $P(x_1, x_2, \cdots, x_n)$，其中 $x_1, x_2, \cdots, x_n$ 为个体，可以是个体常量、变元或函数。

例如，GREATER(x, 6)，表示 x 大于 6。

5. 函 数

函数可作为谓词的个体。

设 D 是个体域，$f: D_n \rightarrow D$ 是一个映射，其中，

$D_n = \{(x_1, x_2, \cdots, x_n) \mid x_1, x_2, \cdots, x_n \in D\}$

则称 f 是 D 上的一个 n 元函数，记为 $f(x_1, x_2, \cdots, x_n)$，其中 $x_1, x_2, \cdots, x_n$ 是个体变元。

谓词与函数的区别：

① 谓词是 D_n 到 $\{T, F\}$ 的映射，函数是 D_n 到 D 的映射。

② 谓词的真值是 T 和 F，函数的值（无真值）是 D 中的元素。

6. 连 词

¬："非"或者"否定"，表示对其后面命题的否定。

∨："析取"，表示所连接的两个命题之间具有"或"的关系。

∧："合取"，表示所连接的两个命题之间具有"与"的关系。

→："条件"或"蕴含"，表示"若……则……"的语义。P→Q 读作"如果 P，则 Q"。其中，P 称为条件的前件，Q 称为条件的后件。

↔：称为"双条件"，它表示"当且仅当"的语义。P↔Q 读作"P 当且仅当 Q"。

谓词真值如表 2-1 所示。

表 2-1　谓词真值

P	Q	P∨Q	P∧Q	P→Q	¬P
T	T	T	T	T	F
F	T	T	F	T	T
T	F	T	F	F	F
F	F	F	F	T	T

7. 量 词

① ∀：全称量词，意思是"所有的""任一个"。

命题$(\forall x)P(x)$为真，当且仅当对论域中的所有 x，都有 P(x) 为真。

命题$(\forall x)P(x)$为假，当且仅当至少存在一个 $x_i \in D$，使得 $P(x_i)$ 为假。

② ∃：存在量词，意思是"至少有一个""存在有"。

命题$(\exists x)P(x)$为真，当且仅当至少存在一个 $x_i \in D$，使得 $P(x_i)$为真。命题$(\exists x)P(x)$为假，当且仅当对论域中的所有 x，都有 P(x) 为假。

8. 辖 域

辖域是指位于量词后面的单个谓词或者用括弧括起来的合式公式。

9. 约束变元与自由变元

约束变元：辖域内与量词中同名的变元称为约束变元。

自由变元：不受约束的变元称为自由变元。

例 3：$(\forall x)[P(x, y)\rightarrow Q(x, y)] \vee r(x, y)$，其中，$[P(x, y)\rightarrow Q(x, y)]$是$(\forall x)$的辖域。辖域内的变元 x 是受$(\forall x)$约束的变元；$r(x, y)$中的 x 和所有的 y 都是自由变元。

变元的换名：谓词公式中的变元可以换名，但需注意以下两点。

① 对约束变元，必须把同名的约束变元都统一换成另外一个相同的名字，且不能与辖域内的自由变元同名。

例 4：对$(\forall x)P(x, y)$，可把约束变元 x 换成 z，得到公式$(\forall z)P(z, y)$。

② 对辖域内的自由变元，不能改成与约束变元相同的名字。

例 5：对$(\forall x)P(x, y)$，可把 y 换成 t，得到$(\forall x)P(x, t)$，但不能把 y 换成 x。

2.2.2 谓词逻辑表示方法

（1）谓词逻辑表示步骤。

① 先根据要表示的知识定义谓词；

② 再用连词、量词把这些谓词连接起来。

（2）谓词逻辑表示示例。

例 6：表示知识"所有教师都有自己的学生"。

解：先定义谓词。$t(x)$：表示 x 是教师；$S(y)$：表示 y 是学生；

$tS(x, y)$：表示 x 是 y 的老师。然后再将知识表示如下：

$(\forall x)(\exists y)[t(x)\rightarrow tS(x, y) \wedge S(y)]$

可读作：对所有 x，如果 x 是教师，那么一定存在个体 y，y 是学生，且 x 是 y 的老师。

例 7：表示知识"所有的整数不是偶数就是奇数"。

解：先定义谓词。

$I(x)$：x 是整数；

$E(x)$：x 是偶数；

$O(x)$：x 是奇数。

然后再将知识表示为：

$(\forall x)[I(x)\rightarrow E(x) \vee O(x)]$

例 8：表示知识"王宏（Wang Hong）是计算机系的一名学生；王宏和李明（Li Ming）是同班同学；凡是计算机系的学生都喜欢编程序"。

解： 先定义谓词。

CS(x)：表示 x 是计算机系的学生；

CM(x, y)：表示 x 和 y 是同班同学；

L(x, y)：表示 x 喜欢 y。

然后再将知识表示为：

CS(Wang Hong)　CM(Wang Hong, Li Ming)
(∀x)[CS(x)→L(x, programming)]

2.2.3　谓词逻辑表示的经典示例

例 9： 机器人移盒子，如图 2-3 所示。

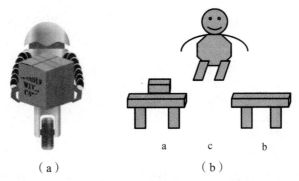

图 2-3　机器人移盒子

解：

（1）分别定义描述状态和动作的谓词。

描述状态的谓词：

TABLE(x)：x 是桌子；

EMPTY(y)：y 手中是空的；

AT(y, z)：y 在 z 处；

HOLDS(y, w)：y 拿着 w；

ON(w, x)：w 在 x 桌面上。

变元的个体域：

x 的个体域是{a, b}；

y 的个体域是{robot}；

z 的个体域是{a, b, c}；

w 的个体域是{box}。

问题的初始状态：

AT(robot, c)EMPTY(robot)ON(box, a)TABLE(a)TABLE(b)

问题的目标状态：

AT(robot, c)EMPTY(robot)ON(box, b)TABLE(a)TABLE(b)

机器人行动的目标是把问题的初始状态转换为目标状态，而要实现问题状态的转换需要完成一系列的操作。

（2）描述操作的谓词。

条件部分：用来说明执行该操作必须具备的先决条件，用谓词公式来表示。

动作部分：给出了该操作对问题状态的改变情况，通过在执行该操作前的问题状态中删去和增加相应的谓词来实现。

这些操作包括：

Goto(x, y)：从 x 处走到 y 处；

Pickup(x)：在 x 处拿起盒子；

Setdown(y)：在 y 处放下盒子。

各操作的条件和动作：

Goto(x, y)

条件：AT(robot, x)

动作：删除表 AT(robot, x)

Pickup 添加表 AT(robot, y)

条件：ON(box, x), TABLE(x), AT(robot, x), EMPTY(robot)

动作：删除表 EMPTY(robot), ON(box, x)

添加表 HOLDS(robot, box)Setdown(x)

条件：AT(robot, x), TABLE(x), HOLDS(robot, box)

动作：删除表 HOLDS(robot, box)

添加表 EMPTY(robot), ON(box, x)

（3）各操作的执行方法。

机器人每执行一项操作前，都要检查该操作的先决条件是否可以满足。

如果满足，即可执行相应的操作；

否则再检查下一项操作。

这个机器人行动规划问题的求解过程如下：

状态 1（初始状态）

	AT(robot, c)
开始	EMPTY(robot)
= = = = = = = = =>	ON(box, a)
	TABLE(a)
	TABLE(b)

状态 2

Goto(c, a)
= = = = = = =>

AT(robot, a)
EMPTY(robot)
ON(box, a)
TABLE(a)
TABLE(b)

状态 3
Pickup(a)
= = = = = =>

AT(robot, a)
HOLDS(robot, box)
TABLE(a)
TABLE(b)

状态 4
Goto(a, b)
= = = = = = =>

AT(robot, b)
HOLDS(robot, box)
TABLE(a)
TABLE(b)

状态 5

Setdown(b)
= = = = = = =>

AT(robot, b)
EMPTY(robot)
ON(box, a)
TABLE(a)
TABLE(b)

状态 6（目标状态）

Goto(b, c)
= = = = = = =>

AT(robot, c)
EMPTY(robot)
ON(box, a)
TABLE(a)
TABLE(b)

例 10：猴子摘香蕉，如图 2-4 所示。

（a）　　　　　　　　　　　（b）

图 2-4　猴子摘香蕉

解：

① 先定义谓词。

描述状态的谓词：

AT(x, y)：x 在 y 处；ONBOX：猴子在箱子上；HB：猴子摘到香蕉。

个体域：

x：{monkey, box, banana}

y：{a, b, c}

问题的初始状态，如图 2-5 所示。

AT(monkey, a)

AT(box, b)

¬ONBOX, ¬HB

问题的目标状态，如图 2-6 所示。

AT(monkey, c), AT(box, c)

ONBOX, HB

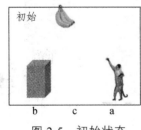
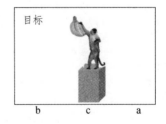

图 2-5　初始状态　　　　　　图 2-6　目标状态

② 描述操作的谓词。

Goto(u, v)：猴子从 u 处走到 v 处

Pushbox(v, w)：猴子推着箱子从 v 处移到 w 处

Climbbox：猴子爬上箱子

Grasp：猴子摘取香蕉各操作的条件和动作：

Goto(u, v)

条件：¬ONBOX, AT(monkey, u)

动作：删除表 AT(monkey, u)

添加表 AT(monkey, v)

Pushbox(v, w)

条件：¬ONBOX, AT(monkey, v), AT(box, v)

动作：删除表 AT(monkey, v), AT(box, v)

添加表 AT(monkey, w), AT(box, w)

Climbbox

条件：¬ONBOX, AT(monkey, w), AT(box, w)

动作：删除表¬ONBOX

添加表 ONBOX

Grasp

条件：ONBOX, AT(box, c)

动作：删除表¬HB

添加表 HB

状态 0（初始状态），如图 2-7 所示。

AT(monkey, a)

AT(box, b)

¬ONBOX

¬HB

状态 1，如图 2-8 所示。

AT(monkey, b)

AT(box, b)

¬ONBOX

¬HB

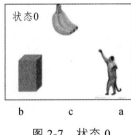 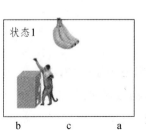

图 2-7　状态 0　　　　　　　　　　　　　图 2-8　状态 1

状态 2，如图 2-9 所示。

AT(monkey, c)

AT(box, c)

¬ONBOX

¬HB

状态 3，如图 2-10 所示。

AT(monkey, c)

AT(box, c)

ONBOX

¬HB

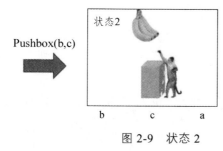

图 2-9　状态 2

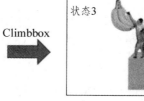

图 2-10　状态 3

状态 4（目标状态），如图 2-11 所示。

AT(monkey, c)

AT(box, c)

ONBOX

HB

③ 解路径允许的操作。

Goto(a, b)：猴子从位置 a 处走到位置 b 处；

Pushbox(b, c)：猴子推着箱子从位置 b 到位置 c；

Climbbox：猴子爬上箱子；

Grasp：猴子摘取香蕉。

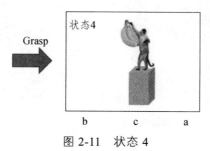

图 2-11　状态 4

2.2.4　谓词逻辑表示的特征

1. 主要优点

自然：一阶谓词逻辑是一种接近于自然语言的形式语言系统，谓词逻辑表示法接近于人们对问题的直观理解。

明确：有一种标准的知识解释方法，用这种方法表示的知识明确、易于理解。

精确：谓词逻辑只有真与假，其表示、推理都是精确的。

灵活：知识和处理知识的程序是分开的，无须考虑处理知识的细节。

模块性：知识之间相对独立，这种模块性使得添加、删除、修改知识比较容易进行。

2. 主要缺点

知识表示能力差：只能表示确定性知识，而不能表示非确定性知识、过程性知识和启发性知识。

知识库管理困难：缺乏知识的组织原则，知识库管理比较困难。

存在组合爆炸：由于难以表示启发性知识，因此只能盲目地使用推理规则，当系统知识量较大时，容易发生组合爆炸。

系统效率低：它把推理演算与知识含义截然分开，抛弃了表达内容中所含有的语义信息，往往使推理过程冗长，降低了系统效率。

美国数学家彼斯特（E·Post）在 1943 年首先提出"产生式"这一术语，称为 Post 系统，目的是构造一种形式化的计算工具，并证明它具有和图灵机同样的计算能力，用这种工具对符号串做替换运算。

1965 年美国的纽厄尔和西蒙利用这种工具建立了人类的认知模型。同年，斯坦福大学费根鲍姆等人研制分析化学分子结构专家系统 DENDRAL 时，采用了产生式系统的结构。产生式系统是目前已建立的专家系统中知识表示的主要手段之一，也是人工智能中应用最多的一种知识表示方法。

2.2.5　产生式表示的基本方法——事实的表示

① 事实的概念。事实是断言一个语言变量的值或断言多个语言变量之间关系的陈述句。语言变量的值：例如，"雪是白的"。语言变量之间的关系：例如，"王明热爱祖国"。

② 事实的表示方法：（对象，属性，值）。

例如，（snow, color, white）或（雪，颜色，白）。其中，对象就是语言变量。

（关系，对象 1，对象 2）

例如，（love, Wang Ming, country）或（热爱，王明，祖国）。

③ 规则的表示：产生式也叫产生式规则，或简称规则。

规则的基本形式：IF　P　THEN　Q

或者 P→Q

其中，P 是前提，也称前件，给出了该产生式可否使用的先决条件；Q 是结论或操作，也称后件，给出当 P 满足时，应该推出的结论或执行的动作。

④ 形式化描述。

<规则>: = <前提>→<结论>

<前提>: = <简单条件>|<复合条件>

<结论>: = <事实>|<动作>

<复合条件>: = <简单条件>AND<简单条件>[(AND<简单条件>……)]|<简单条件>OR<简单条件>[(OR<简单条件>……)]

<动作>: = <动作名>|[(<变元>……)]

2.2.6　产生式表示简例

例 11：

（1）烫手→缩手

（2）下雨→地面湿

（3）下雨∧甲未打伞→甲被淋湿

（4）所有人都会死∧甲是人→甲会死

例 12： 下面给出一个简化的动物识别例子，仅包括动物识别系统中的两条规则：

r_3: IF　动物有羽毛　　THEN　动物是鸟

r_{15}: IF　动物是鸟　　AND　动物善飞　　THEN　动物是信天翁

其中，r_3 和 r_{15} 是上述两条规则在动物识别系统中的规则编号，一般称为规则号。

r_3：前提条件是"动物有羽毛"，结论是"动物是鸟"。

r_{15}：前提条件是一个复合条件"动物是鸟　　AND　　动物善飞"，它是两个子条件的合取。结论是"动物是信天翁"。

2.2.7　产生式表示的特性

1. 主要优点

① 自然性：采用"如果……则……"的形式，人类的判断性知识基本一致。

② 模块性：规则是规则库中最基本的知识单元，各规则之间只能通过综合数据库发生联系，而不能相互调用，从而增加了规则的模块性。

③ 有效性：产生式知识表示法既可以表示确定性知识，又可以表示不确定性知识，既有利于表示启发性知识，又有利于表示过程性知识。

2. 主要缺点

① 效率较低：各规则之间的联系必须以综合数据库为媒介。并且，其求解过程是一种反复进行的"匹配—冲突消解—执行"过程。这样的执行方式将降低执行的效率。

② 不便于表示结构性知识：由于产生式表示中的知识具有一致格式，且规则之间不能相互调用，因此那种具有结构关系或层次关系的知识则很难以自然的方式来表示。

语义网络是奎廉于 1968 年在他的博士论文中作为人类联想记忆的一个显式心理学模型最先提出的。随后在他设计的可教式语言理解器中用作知识表示。1972 年，西蒙将其用于自然语言理解系统。

目前语义网络已经广泛地应用于人工智能的许多领域中，是一种表达能力强而且灵活的知识表示方法。

2.2.8　语义网络概述

1. 概　念

语义网络是一种用实体及其语义关系来表达知识的有向图。

① 节点：代表实体，表示事物、概念、情况、属性、状态、事件、动作等。

② 弧：代表语义关系，表示两个实体之间的语义联系，必须带有标识语义基元，也称为联想弧。

③ 语义网络中最基本的语义单元称为语义基元，可用三元组表示：节点 1、弧、节点 2。

④ 基本网元：一个语义基元对应的有向图，是语义网络中最基本的结构单元。

例 13：语义基元（A, R, B）所对应的基本网元。

解：如图 2-12 所示。

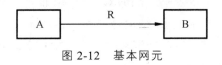

图 2-12　基本网元

例 14：用语义基元表示"鸵鸟是一种鸟"这一事实。

解：如图 2-13 所示。

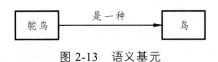

图 2-13　语义基元

说明：箭头的方向不可随意调换。

例 15：用语义基元表示"猎狗是一种狗"这一事实。

解：如图 2-14 所示。

图 2-14　语义基元

图 2-14 语义基元分析，如图 2-15 所示。

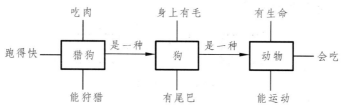

图 2-15 语义基元分析

2. 基本语义关系

① 实例关系：ISA，体现的是"具体与抽象"的概念，含义为"是一个"，表示一件事物是另一件事物的一个实例。

例 16：用语义关系表示"李刚是一个人"。

解：其语义关系如图 2-16 所示。

图 2-16 实例关系

② 分类关系：AKO，也称泛化关系，体现的是"子类与超类"的概念，含义为"是一种"，表示一个事物是另一个事物的一种类型。

例 17：用语义关系表示"鸟是一种动物"。

解：其语义关系如图 2-17 所示。

图 2-17 分类关系

③ 成员关系：A-Member-of，体现的是"个体与集体"的关系，含义为"是一员"，表示一个事物是另一个事物的一个成员。

例 18：用语义关系表示"张强是共青团员"。

解：其语义关系如图 2-18 所示。

图 2-18 成员关系

上述关系的主要特征：属性的继承性，即处在具体层的节点可以继承抽象层节点的所有属性。

④ 属性关系：指事物和其属性之间的关系。常用的有：

Have：含义为"有"，表示一个节点具有另一个节点所描述的属性。

Can：含义为"能""会"，表示一个节点能做另一个节点的事情。

例 19: 用语义关系表示"鸟有翅膀"。

解: 其语义关系如图 2-19 所示。

图 2-19　属性关系

⑤ 包含关系(聚类关系):指具有组织或结构特征的"部分与整体"之间的关系。常用的包含关系是:Part-of,含义为"是一部分",表示一个事物是另一个事物的一部分。

例 20: 用语义关系表示"大脑是人体的一部分"。

解: 其语义关系如图 2-20 所示。

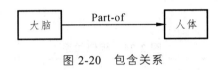

图 2-20　包含关系

例 21: 用语义关系表示"黑板是墙体的一部分"。

解: 其语义关系如图 2-21 所示。

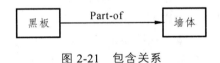

图 2-21　包含关系

聚类关系与实例、分类、成员关系的主要区别:聚类关系一般不具备属性的继承性。如例 20 和例 21,大脑不一定具有人的各种属性,黑板也不具有墙的各种属性。

⑥ 时间关系:指不同事件在其发生时间方面的先后次序关系。常用的时间关系有:

Before:含义为"在……之前";

After:含义为"在……之后"。

例 22: 用语义关系表示"机器人 Master 在机器人 Alphago 之后"。

解: 其语义关系如图 2-22 所示。

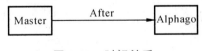

图 2-22　时间关系

⑦ 位置关系:指不同事物在位置方面的关系。常用的有:

Located-on:含义为"在……上面";

Located-under:含义为"在……下面";

Located-at:含义为"在……"。

例 23：用语义关系表示"书在桌子上"。

解：其语义关系如图 2-23 所示。

图 2-23 位置关系

⑧ 相近关系：指不同事物在形状、内容等方面相似或接近。常用的相近关系有：Similar-to：含义为"相似"；Near-to：含义为"接近"。

例 24：用语义关系表示"猫似虎"。

解：其语义关系如图 2-24 所示。

图 2-24 相似关系

2.2.9　事物和概念的表示

① 用语义网络表示一元关系。

一元关系是指可以用一元谓词 P(x)表示的关系。谓词 P 说明实体的性质、属性等。常用"是""有""会""能"等语义关系来说明。例如，"雪是白的"。

一个一元关系就是一个语义基元，可用一个基本网元来表示。其中，节点 1 表示实体，节点 2 表示实体的性质或属性等，弧表示语义关系。如前文所述，"李刚是一个人"为一元关系，其语义网络如前所示。

例 25：用语义网络表示"动物能运动、会吃"。

解：其语义网络表示如图 2-25 所示。

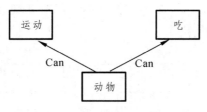

图 2-25 动物的属性

② 用语义网络表示二元关系。

二元关系是指可用二元谓词 P(x, y)表示的关系，其中，x, y 为实体，P 为实体之间的关系。单个二元关系可直接用一个基本网元来表示。复杂关系，可通过一些相对独立的二元或一元关系的组合来实现。

例 26：用语义网络表示：动物能运动、会吃；鸟是一种动物，鸟有翅膀、会飞；鱼是一种动物，鱼生活在水中、会游泳。

解：其语义网络表示如图 2-26 所示。

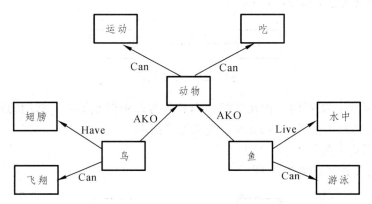

图 2-26　动物分类的语义网络

例 27：砖块 12(BRICK12)有 3 个链，构成两个槽。其中一个槽只有一个值，另外一个槽有两个值。颜色槽（COLOR）填入红色（RED），ISA 槽填入了砖块（BRICK）和玩具（TOY）。

解：其语义网络表示如图 2-27 所示。

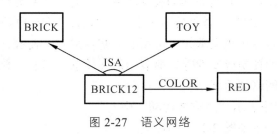

图 2-27　语义网络

例 28：用语义网络表示：王强是理想公司的经理；理想公司在中关村；王强 28 岁。

解：其表示如图 2-28 所示。

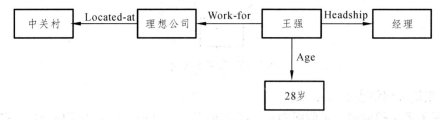

图 2-28　经理王强的语义网络

例 29：李新的手机牌子是华为，土豪金色。王红的手机牌子是中兴，玫瑰红色。

解：李新和王红的手机均属于具体概念，可增加"手机"这个抽象概念，分析如图 2-29 所示。

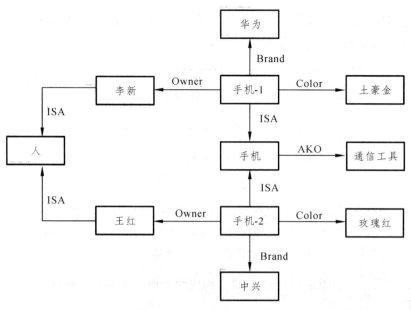

图 2-29 手机的语义网络

③ 用语义网络表示多元关系：多元关系是指可用多元谓词 P(x₁, x₂, …, xₙ)表示的关系。其中，个体 x₁, x₂, …, xₙ 为实体，谓词 P 说明这些实体之间的关系。

多元关系的表示方法：用语义网络表示多元关系时，可把它转化为一个或多个二元关系的组合，然后再利用下一节讨论的合取关系的表示方法，把这种多元关系表示出来。

④ 情况和动作的表示：西蒙提出了增加情况和动作节点的描述方法。

例 30： 用语义网络表示："小燕子从春天到秋天一直占有一个巢。"

解： 需要设立一个占有权节点，表示占有物和占有时间等，分析如图 2-30 所示。

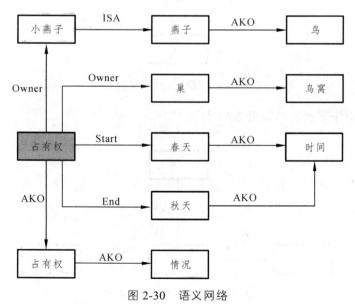

图 2-30 语义网络

对上述问题，也可以把占有作为一种关系，并用一条弧来表示，但在这种表示方法下，占有关系就无法表示了，如图 2-31 所示。

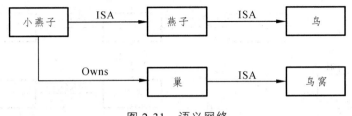

图 2-31　语义网络

⑤ 事件和动作的表示：用这种方法表示事件或动作时，需要设立一个事件节点或动作节点。其中，事件节点由一些向外引出的弧来指出事件行为及发出者与接受者。动作节点由一些向外引出的弧来指出动作的主体与客体。

例 31：用语义网络表示："常河给江涛一个优盘。"

解：首先，用事件节点表示如图 2-32 所示。

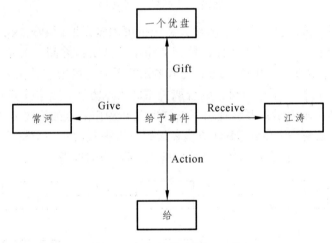

图 2-32　事件节点语义网络

然后，用动作节点表示如图 2-33 所示。

图 2-33　动作节点语义网络

2.2.10　语义网络的基本推理过程

1. 继　承

用语义网络表示知识的问题求解系统主要由两大部分所组成：一部分是由语义网络构成的知识库，另一部分是用于问题求解的推理机构。语义网络的推理过程主要有两种：一种是继承，另一种是匹配。

① 继承是指把对事物的描述从抽象节点传递到实例节点。通过继承可以得到所需节点的一些属性值，它通常是沿着 ISA、AKO 等继承弧进行的。

② 继承的一般过程：

第一步：建立一个节点表，用来存放待求解节点和所有以 ISA、AKO 等继承弧与此节点相连的那些节点。初始情况下，表中只有待求解节点。

第二步：检查表中的第一个节点是否有继承弧，如果有，就把该弧所指的所有节点放入节点表的末尾，记录这些节点的所有属性，并从节点表中删除第一个节点；如果没有继承弧，仅从节点表中删除第一个节点。

第三步：重复第二步，直到节点表为空。此时，记录下来的所有属性都是待求解节点继承来的属性。

例 32：在如图 2-34 所示的语义网络中，通过继承关系可以得到"鸟"具有"会吃""能运动"的属性。

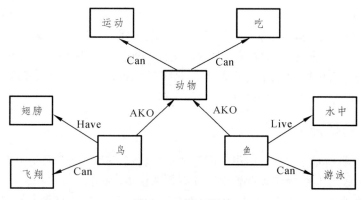

图 2-34　语义网络

2. 匹　配

① 匹配是指在知识库的语义网络中寻找与待求解问题相符的语义网络模式。

② 匹配的过程：

第一步：根据待求解问题的要求构造一个网络片段，该网络片段中有些节点或弧的标识是空的，称为询问处，它反映的是待求解的问题。

第二步：根据该语义片段到知识库中去寻找所需要的信息。

第三步：若待求解问题的网络片段与知识库中的某语义网络片段相匹配，则与询问处相匹配的事实就是问题的解。

例 33：假设图 2-35 中的语义网络已在知识库中，问王强在哪个公司工作？

解：根据这个问题的要求，可构造如下语义网络片段。

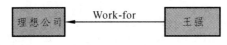

图 2-35　语义网络

当用该语义网络片段与图 2-35 所示的语义网络进行匹配时，由 "Work-for" 弧所指的节点可知，职员王强工作在 "理想公司"，这就得到了问题的答案。若还想知道职员王强的其他情况，则可在语义网络中增加相应的空节点。

2.2.11　语义网络表示的特征

1. 主要优点

① 结构性：把事物的属性以及事物间的各种语义联系表示出来，是一种结构化的知识表示方法。在这种方法中，下层节点可以继承、新增、变异上层节点的属性。

② 联想性：本来是作为人类联想记忆模型提出来的，它着重强调事物间的语义联系，体现了人类的联想思维过程。

③ 自然性：语义网络可以比较直观地把知识表示出来，符合人们表达事物间关系的习惯。

2. 主要缺点

① 非严格性：没有谓词那样严格的形式表示体系，一个给定语义网络的含义完全依赖于处理程序对它所进行的解释，通过语义网络所实现的推理不能保证其准确性。

② 复杂性：语义网络表示知识的手段是多种多样的，这虽然给其表示带来了灵活性，但同时也由于表示形式的不一致，增加了处理的复杂性。

2.2.12　框架理论

框架理论是明斯基于 1975 年作为理解视觉、自然语言对话及其他复杂行为的一种基础提出来的。他认为人们对现实世界中各种事物的认识都是以一种类似于框架的结构存储在记忆中的，当遇到一个新事物时，就从记忆中找出一个合适的框架，并根据新的情况对其细节加以修改、补充，从而形成对这个新事物的认识。例如，对饭店、教室等的认识。

1. 框　架

框架是人们认识事物的一种通用的数据结构形式。当新情况发生时，人们只要把新的数据加入该通用数据结构中便可形成一个具体的实体（类），这样的通用数据结构就称为框架。

2. 实例框架

对于一个框架，当人们把观察或认识到的具体细节填入后，就得到了该框架的一个具体实例，框架的这种具体实例被称为实例框架。

3. 框架系统

在框架理论中，框架是知识的基本单位，把一组有关的框架连接起来便可形成一个框架系统。

4. 框架系统推理

由框架之间的协调来完成。

2.2.13　框架结构和框架表示

框架是一种描述所论对象（一个事物、一个事件或一个概念）属性的数据结构。框架是一种结构化表示法，以通用数据结构的形式存储以往的经验知识。

一个框架由若干个槽组成，一个槽又可划分为若干个侧面。一个槽用于描述所论对象某一方面的属性，一个侧面用于描述相应属性的一个方面。

1. 框架的基本结构

<框架名>

槽名 1：侧面名 1_1：值 1_{11}，值 1_{12} ……

侧面名 1_2：值 1_{21}，值 1_{22} ……

……

槽名 2：侧面名 2_1：值 2_{11}，值 2_{12} ……

侧面名 2_2：值 2_{21}，值 2_{22} ……

……

槽名 n：侧面名 n_1：值 n_{11}，值 n_{12} ……

侧面名 n_2：值 n_{21}，值 n_{22} ……

……

侧面名 n_m：值 n_{m1}，值 n_{m2} ……

例 34：设计一个直接描述硕士生（Master）有关情况的框架。

Frame<Master>	//框架名
Name: Unit(Last-name, First-name)	//姓名
Sex: Sex(Male, Female)	//性别
Default: Male	//缺省值
Age: Unit(Years)	//年龄
Major: Unit(Major)	//专业
Field: Unit(Field)	//方向
Advisor: Unit(Last-name, First-name)	//导师
Project: Sex(National, Provincial, Other)	//科研项目
Default: National	
Paper: Sex(SCI, El, Core, General)	//论文

Default: Core
Address: <S-Address>   //住址
Telephone: Home Unit(Number)   //电话

Mobile Unit(Number)

2. 框架表示

当知识结构比较复杂时，往往需要用多个相互联系的框架来表示。

例 35： 前面例 34 的硕士生框架"Master"可分为：

"student"框架，描述所有学生的共性，上层框架。

"Master"框架，描述硕士生的个性，子框架，继承"student"框架的属性。

"student"框架：

Frame<student>

Name: Unit(last-name, First-name)

Sex: Area(Male, Female)

Default: Male//缺省

Age: Unit(years)

Address: <S-address>

Telephone: HomeUnit(Number)

MobileUnit(Number)

在上述框架中，侧面 Default 提供缺省值，当其所在槽没有填入槽值时，系统以此侧面值作为该槽的默认值。例如 Area 槽，其默认值为 Male。

"Master"框架：

Frame<Master>

AKO: <student>   //预定义槽名

Major: Unit(Major)   //专业

Field: Unit(Direction-Name)   //方向

Advisor: Unit(Last-name, First-name)   //导师

Project: Area(National, Provincial, other)   //科研项目

Default: National   //缺省值

Paper: Area(SCI, EI, Core, General)   //论文

Default: Core   //缺省值

这里用到了一个系统预定义槽名 AKO，其含义为"是一种"。AKO 作为下层框架的槽名时，其槽值为上层框架的框架名。由 AKO 所联系的框架之间具有属性的继承关系。

例 36： 有杨叶（Yang Ye）和柳青（Liu Qing）2 个硕士生，将他们的情况分别填入 Master，可得到：

硕士生-1 框架：

Frame<Master-1>

ISA: <Master>　　　　　//是一个

Name: Yang Ye

Sex: Female

Major: Computer

Field: web-Intelligence　　//方向 web 智能

Advisor: Lin Hai　　　　　//导师　林海

Project: Provincial　　　　//项目　省部级

硕士生-2 框架：

Frame<Master-2>

ISA: <Master>

Name: Liu Qing

Age: 22

Major: Computer　　　　　//专业　计算机

Advisor: Lin Hai　　　　　//导师　林海

Paper: EI

其中用到了系统预定义槽名。

2.2.14　框架系统

1. 框架之间的联系

框架系统由框架之间的横向或纵向联系构成。

① 纵向联系是指具有继承关系的上下层框架之间的联系。如图 2-36 所示，学生可按照接受教育的层次分为 Collegian, Master, Doctor。每类学生又可按照所学专业的不同划分。纵向联系通过预定义槽名 AKO 和 ISA 等来实现。

② 横向联系是指以另外一个框架名作为一个槽的槽值或侧面值所建立起来的框架之间的联系。如图 2-36 所示中 Student 框架与 S-Address 框架之间就是一种横向联系。

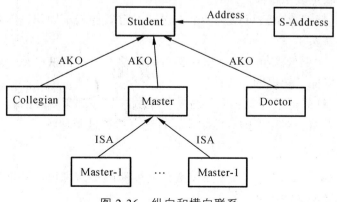

图 2-36　纵向和横向联系

例 37：学校师生员工的一个框架网络，如图 2-37 所示。

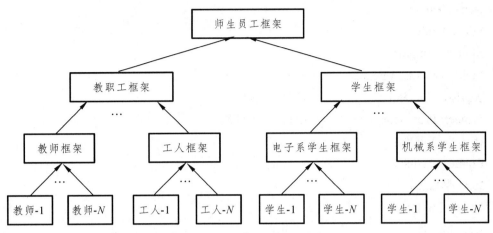

图 2-37　师生员工框架网络

2. 框架表示下的推理

在用框架表示知识的系统中，求解问题主要通过匹配与添槽实现。

① 把这个问题用一个框架表示出来；

② 与知识库中已有的框架进行匹配，找出一个或者多个可匹配的预选框架作为初步假设；

③ 在初步假设的引导下收集进一步的信息；

④ 用某种评价方法对预选框架进行评价，决定是否接受。

框架的匹配是通过对相应槽的槽名及槽值逐个进行比较实现的。

2.2.15　框架表示的特性

1. 框架表示法的优点

① 结构性：最突出特点是善于表示结构性知识，它能够把知识的内部结构关系以及知识间的特殊联系表示出来。

② 深层性：框架表示法可以从多个方面、多重属性表示知识，因此能用来表达事物间复杂的深层联系。

③ 继承性：在框架系统中，下层框架可以继承上层框架的槽值，这样既减少知识冗余，又较好地保证了知识的一致性。

④ 自然性：框架能把与其各实体或实体集相关特性都集中在一起，从而高度模拟了人脑对实体多方面、多层次的存储结构，直观自然、易于理解。

2. 框架表示法的不足

① 缺乏框架的形式理论：至今还没有建立框架的形式理论，其推理和一致性检查机制并非基于良好定义的语义。

② 缺乏过程性知识表示：框架系统不便于表示过程性知识，缺乏如何使用框架中知识的描述能力。

③ 清晰性难以保证：由于各框架本身的数据结构不一定相同，从而使框架系统的清晰性很难保证。

2.2.16　剧本表示

剧本是夏克根据他的概念依赖理论提出的一种知识表示方法。

1. 定　义

剧本是框架的特殊形式，它用一组槽值描述事件发生的序列。

2. 剧本的构成

① 开场条件（事件发生的前提条件）；
② 角色（有关人物的槽值）；
③ 道具（有关物体的槽值）；
④ 场景（事件的顺序，场景可以是其他剧本）；
⑤ 结果（事件发生后的结果）。

例 38：剧本实例：餐厅。

① 开场条件：

A. 顾客饿了，需要进餐；B. 顾客有足够的钱。

② 角色：顾客、服务员、厨师、老板。

③ 道具：食品、桌子、菜单、钱。

④ 场景，如图 2-38 所示。

图 2-38　餐厅

场景 1：进入餐厅。A. 顾客走入餐厅；B. 寻找桌子；C. 在桌子旁坐下。

场景 2：点菜。A. 服务员给顾客菜单；B. 顾客点菜；C. 顾客把菜单还给服务员；D. 顾客等待服务员送菜。

场景 3：等待。A. 服务员把顾客所点的菜告诉厨师；B. 厨师做菜。

场景 4：吃菜。A. 厨师把做好的菜给服务员；B. 服务员给顾客送菜；C. 顾客吃菜。

场景 5：离开。A. 服务员拿来账单；B. 顾客付钱给服务员；C. 顾客离开餐厅。

⑤ 结果：A. 顾客吃了饭，不饿了；B. 顾客花了钱；C. 老板挣了钱；D. 餐厅食品少了。

2.2.17　过程表示

知识主要是过程性的。其表示方法应将知识及如何使用这些知识的控制性策略均表述为求解问题的过程。过程性表示方法着重于对知识的利用，它把与问题有关的知识以及如何运用这些知识求解问题的控制策略都表述为一个或多个求解问题的过程。

2.3　确定性知识推理方法

智能系统的推理过程实际上就是一种思维过程。

2.3.1　产生式推理的基本结构——综合数据库、规则库、控制系统

① 综合数据库 DB(Data Base)。

A. 存放推理过程的各种当前信息。例如，问题的初始状态、输入的事实、中间结论及最终结论。

B. 作为推理过程选择可用规则的依据。

推理过程中某条规则是否可用，是通过该规则的前提与 DB 中的已知事实的匹配来确定的。

可匹配的规则称为可用规则，利用可用规则进行推理，可得到一个结论。该结论若不是目标，将作为新的事实放入 DB，成为以后推理的已知事实。

② 规则库 RB(Rule Base)，也称知识库 KB(Knowledge Base)。

A. 作用：用于存放推理所需要的所有规则，是整个产生式系统的知识集，是产生式系统能够进行推理的根本。

B. 要求：知识的完整性、一致性、准确性、灵活性和可组织性，如图 2-39 所示为产生式推理的基本结构。

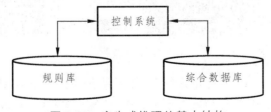

图 2-39　产生式推理的基本结构

③ 控制系统(Control System)。

A. 控制系统的主要作用：控制系统亦称推理机，用于控制整个产生式系统的运行，决定问题求解过程的推理线路。

B. 控制系统的主要任务。

选择匹配：按一定策略从规则库中选择规则与综合数据库中的已知事实进行匹配，即把所选规则的前提与综合数据库中的已知事实进行比较，若事实库中存储的事实与所选规则前提一致，则匹配成功，该规则可用；否则，匹配失败，该规则不可用。

冲突消解：对匹配成功的规则，按照某种策略从中选出一条规则执行。

执行操作：对所执行的规则，若其后件为一个或多个结论，则把这些结论加入综合数据库；若其后件为一个或多个操作时，执行这些操作。

终止推理：检查综合数据库中是否包含有目标，若有，则停止推理。

路径解释：在问题求解过程中，记住应用过的规则序列，以便最终能够给出问题的解的路径。

2.3.2　产生式的推理

1. 产生式的正向推理

① 推理算法：从已知事实出发，正向使用规则，也称为数据驱动推理或前向链推理。

② 算法描述：

第一步：把用户提供的初始证据放入综合数据库。

第二步：检查综合数据库中是否包含了问题的解，若已包含，则求解结束，并成功推出；否则执行下一步。

第三步：检查知识库中是否有可用知识，若有形成当前可用知识集，执行下一步；否则转向第五步。

第四步：按照某种冲突消解策略，从当前可用知识集中选出一条规则进行推理，并将推出的新事实加入综合数据库中，然后转向第二步。

第五步：询问用户是否可以进一步补充新的事实，若可补充，则将补充的新事实加入综合数据库中，然后转向第三步；否则表示无解，失败退出。

如何根据综合数据库中的事实到知识库中选取可用知识，当知识库中有多条知识可用时应该先使用哪一条知识等，这些问题都涉及知识的匹配方法和冲突消解策略。

产生式的正向推理流程如图 2-40 所示：

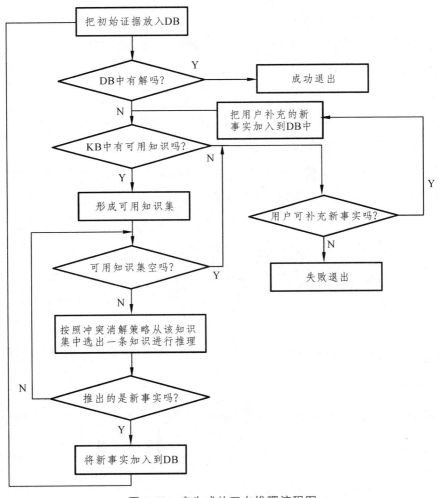

图 2-40　产生式的正向推理流程图

例 39: 请用正向推理完成以下问题的求解。假设知识库中包含有以下 2 条规则：

r_1: IF　　B　　THEN　　C

r_2: IF　　A　　THEN　　B

已知初始证据 A，求证目标 C，流程如图 2-41 所示。

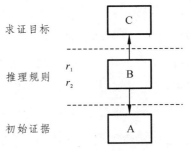

图 2-41　正向推理流程

解：推理过程如下：

推理开始前，综合数据库为空。

推理开始后，先把 A 放入综合数据库，然后检查综合数据库中是否含有该问题的解，回答为"N"。接着检查知识库中是否有可用知识，显然 r₂ 可用，形成仅含 r₂ 的知识集。从该知识集中取出 r₂，推出新的事实 B，将 B 加入综合数据库，检查综合数据库中是否含有目标 C，回答为"N"。再检查知识库中是否有可用知识，此时由于 B 的加入，r₁ 为可用，形成仅含 r₁ 的知识集。从该知识集中取出 r₁，推出新的事实 C，将 C 加入综合数据库，检查综合数据库中是否含有目标 C，回答为"Y"。

例 40：设有以下两条规则：

r_3: IF　　动物有羽毛　　THEN　　动物是鸟

r_{15}: IF　　动物是鸟　　　AND　　　动物善飞　　　THEN　　　动物是信天翁

其中，r_3 和 r_{15} 是上述两条规则在动物识别系统中的规则编号。假设已知有以下事实：动物有羽毛，动物善飞。求满足以上事实的动物是何种动物？

解：由于已知事实"动物有羽毛"，即 r_3 的前提条件满足，因此 r_3 可用，承认的 r_3 结论，即推出新的事实"动物是鸟"。此时，r_{15} 的两个前提条件均满足，即 r_{15} 的前提条件满足，因此 r_{15} 可用，承认的 r_{15} 结论，即推出新的事实"动物是信天翁"，如图 2-42 所示。

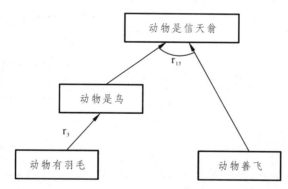

图 2-42　产生式正向推理

2. 产生式的逆向推理

① 推理算法：从某个假设目标出发，逆向使用规则，亦称为目标驱动推理或逆向链推理。

② 算法描述：

第一步：将要求证的目标（称为假设）构成一个假设集。

第二步：从假设集中选出一个假设，检查该假设是否在综合数据库中，若在，则该假设成立，此时，若假设集为空，则成功退出，否则仍执行第二步；若该假设不在数据库中，则执行下一步。

第三步：检查该假设是否可由知识库的某个知识导出，若不能由某个知识导出，则询问用户该假设是否为可由用户证实的原始事实，若是，该假设成立，并将其放入综合数据库，再重新寻找新的假设，若不是，则转向第五步；若能由某个知识导出，则执行下一步。

第四步：将知识库中可以导出该假设的所有知识构成一个可用知识集。

第五步：检查可用知识集是否为空，若是，失败退出；否则执行下一步。

第六步：按冲突消解策略从可用知识集中取出一个知识，继续下一步。

第七步：将该知识的前提中的每个子条件都作为新的假设放入假设集，然后转向第二步。

产生式的逆向推理流程如图 2-43 所示。

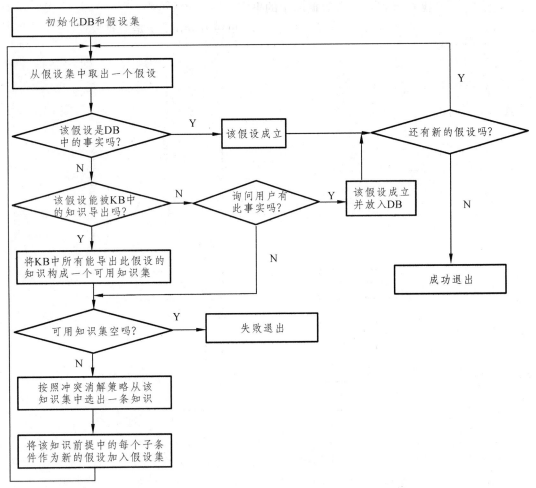

图 2-43　产生式的逆向推理流程

例 41：对例 39 请用逆向推理完成其推理过程，如图 2-44 所示。

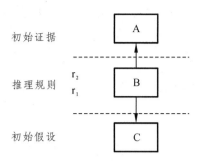

图 2-44　逆向推理过程

解：推理开始前，综合数据库和假设集均为空。

推理开始后，先将初始证据 A 和目标 C 分别放入综合数据库和假设集，然后从假设集中取出 C，查找 C 是否为综合数据库中的事实，回答 "N"。

再检查 C 是否能被某条知识所导出，发现 C 可由 r_1 导出，于是 r_1 被放入可用知识集。由于知识库中只有 r_1 可用，故可用知识集中仅含 r_1。

接着从可用知识集中取出 r_1，将其前提条件 B 放入假设集。从假设集中取出 B，检查 B 是否为综合数据库中的事实，回答为 "N"。再检查 B 是否能被某条知识所导出，发现 B 可由 r_2 导出，于是 r_2 被放入可用知识集。由于知识库中只有 r_2 可用，故可用知识集中仅含 r_2。

取出 r_2，将其前提条件 A 作为新的假设放入假设集。然后从假设集中取出 A，检查 A 是否为综合数据库中的事实，回答为 "A"。

说明该假设成立，由于已无新的假设，推理过程成功结束，目标 C 得证。

例 42：对例 40，请用逆向推理完成其推理过程，如图 2-45 所示。

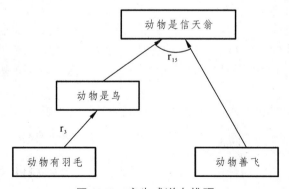

图 2-45　产生式逆向推理

解：开始推理前，综合数据库和假设库均为空。

开始推理后，现将初始证据 "动物有羽毛" 和 "动物善飞" 放入综合数据库；将动物是 "信天翁" 放入假设集。

开始推理时，从假设集取出"动物是信天翁"，综合数据库中没有包含该假设，然后检查该假设能否被某个规则所导出。发现它可以被 r_{15} 导出，r_{15} 可用。使用 r_{15}，将"动物是鸟"和"动物善飞"放入假设集。

从假设集取出一个假设"动物是鸟"，该假设仍不是综合数据库中的已知事实，但发现它可以由 r_3 导出，说明 r_3 可用。使用 r_3，将其前提条件"动物有羽毛"放入假设集。

此时，假设集中的所有假设已全部被综合数据库中的事实所满足，推理完成。

3. 产生式的混合推理

正向推理比较直观，但其推理无明确的目标，求解问题时可能会执行许多与解无关的操作，导致推理效率较低。

逆向推理过程的目标明确，但是当用户对解的情况认识不清、选择假设目标不好时，会影响系统效率。

因此，人们提出了混合（双向）推理方法。混合（双向）推理是一种把正向和逆向结合起来使用的推理方法。有以下三种方式：

① 先正向后逆向；
② 先逆向后正向；
③ 随机选择正向和逆向。

2.3.3 产生式系统简例

1. 基于规则的动物识别系统

例43：一个用于动物识别的产生式系统。该系统可以识别老虎、金钱豹、斑马、长颈鹿、企鹅、信天翁这 6 种动物。其规则库包含如下 15 条规则：

r_1　IF　动物有毛发　　　THEN　　动物是哺乳动物

r_2　IF　动物有奶　　　THEN　　动物是哺乳动物

r_3　IF　动物有羽毛　　　THEN　　动物是鸟

r_4　IF　动物会飞　　AND　　动物会下蛋　THEN　　动物是鸟

r_5　IF　动物吃肉　　THEN　　动物是食肉动物

r_6　IF　动物有犬齿　　AND　　动物有爪　　AND　　动物眼盯前方　　THEN　动物是食肉动物

r_7　IF　动物是哺乳动物　　AND　　动物有蹄　THEN　　动物是有蹄类动物

r_8　IF　动物是哺乳动物　　AND　　动物是反刍动物　　THEN　　动物是有蹄类动物

r_9　IF　动物是哺乳动物　　AND　　动物是食肉动物　　AND　　动物是黄褐色　AND　　动物身上有暗斑点　　THEN　　动物是金钱豹

r_{10}　IF　动物是哺乳动物　　AND　　动物是食肉动物　　AND　　动物是黄褐色　AND　　动物身上有黑色条纹　　THEN　　动物是虎

r_{11}　IF　动物是有蹄类动物　　AND　　动物有长脖子　　AND　　动物有长腿　AND　　动物身上有暗斑点　　THEN　　动物是长颈鹿

r_{12} IF   动物是有蹄类动物   AND   动物身上有黑色条纹   THEN   动物是斑马

r_{13} IF   动物是鸟   AND   动物有长脖子   AND   动物有长腿   AND   动物不会飞，动物有黑白二色   THEN   动物是鸵鸟

r_{14} IF   动物是鸟   AND   动物会游泳   AND   动物不会飞   AND   动物有黑白二色   THEN   动物是企鹅

r_{15} IF   动物是鸟   AND   动物善飞   THEN   动物是信天翁

其中，$r_i(i=1, 2, \cdots, 15)$是规则的编号。

初始综合数据库包含的事实有：动物有暗斑点，动物有长脖子，动物有长腿，动物有奶，动物有蹄。

解： 该例子的部分推理网络如图 2-46 所示，图中最上层的节点称为"假设"或"结论"；中间节点称为"中间假设"；终节点称为"证据"或"事实"。推理过程为：$r_2 \rightarrow r_7 \rightarrow r_{11}$。推理的最终结论为：该动物是长颈鹿。

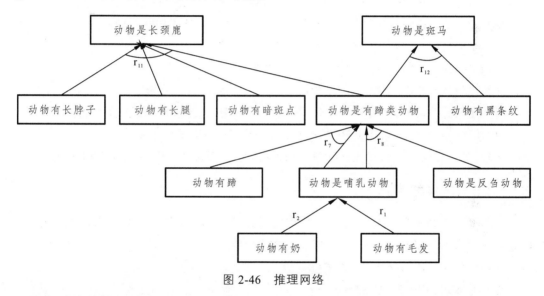

图 2-46   推理网络

2. 系统的推理过程

例 44： 说明例 43 的推理过程。

解： ① 先从规则库中取出第一条规则 r_1，检查其前提是否可与综合数据库中的已知事实相匹配。r_1 的前提是"动物有毛发"，但事实库中无此事实，故匹配失败。然后取 r_2，该前提可与已知事实"动物有奶"相匹配，r_2 被执行，并将其结论"动物是哺乳动物"作为新的事实加入综合数据库中。此时，综合数据库的内容为：动物有暗斑，动物有长脖子，动物有长腿，动物有奶，动物有蹄，动物是哺乳动物。

② 再从规则库中取 r_3, r_4, r_5, r_6 进行匹配，均失败。接着取 r_7，该前提与已知事实"动物是哺乳动物"相匹配，r_7 被执行，并将其结论"动物是有蹄类动物"作为新的事实加入综合数据库中。此时，综合数据库的内容变为：动物有暗斑，动物有长脖子，动物有长腿，动物有奶，动物有蹄，动物是哺乳动物，动物是有蹄类动物。

③ 此后，r_8, r_9, r_{10} 均匹配失败。接着取 r_{11}，该前提"动物是有蹄类动物 AND 动物有长脖子 AND 动物有长腿 AND 动物身上有暗斑"与已知事实相匹配，r_{11} 被执行，并推出"动物是长颈鹿"。由于长颈鹿已是目标集合中的一个具体动物，即已推出最终结果，故问题求解过程结束。

2.3.4　等价式

设 P 与 Q 是 D 上的两个谓词公式，若对 D 上的任意解释，P 与 Q 都有相同的真值，则称 P 与 Q 在 D 上是等价的。如果 D 是任意非空个体域，则称 P 与 Q 是等价的，记作 P⇔Q。

（1）双重否定律：¬¬P⇔P。

（2）交换律：(P∨Q)⇔(Q∨P)，(P∧Q)⇔(Q∧P)。

（3）结合律：(P∨Q)∨r⇔P∨(Q∨r)，(P∧Q)∧r⇔P∧(Q∧r)。

（4）分配律：P∨(Q∧r)⇔(P∨Q)∧(P∨r)，P∧(Q∨r)⇔(P∧Q)∨(P∧r)。

（5）摩根定律：¬(P∨Q)⇔¬P∧¬Q，¬(P∧Q)⇔¬P∨¬Q。

（6）吸收律：P∨(P∧Q)⇔P，P∧(P∨Q)⇔P。

（7）补余律：P∨¬P⇔T，P∧¬P⇔F。

（8）连词化归律：P→Q⇔¬P∨Q，P↔Q⇔(P→Q)∧(Q→P)，P↔Q⇔(P∧Q)∨(Q∧P)。

（9）量词转换律：¬(∃x)P⇔(∀x)(¬P)，¬(∀x)P⇔(∃x)(¬P)。

（10）量词分配律：(∀x)(P∧Q)⇔(∀x)P∧(∀x)Q，(∃x)(P∨Q)⇔(∃x)P∨(∃x)Q。

2.3.5　永真蕴含式

永真蕴含式的定义：对谓词公式 P 和 Q，如果 P→Q 永真，则称 P 永真蕴含 Q，且称 Q 为 P 的逻辑结论，P 为 Q 的前提，记作 P⇒Q。

（1）化简式：P∧Q⇒P，P∧Q⇒Q。

（2）附加式：P⇒P∨Q，Q⇒P∨Q。

（3）析取三段论：¬P，P∨Q⇒Q。

（4）假言推理：P，P→Q⇒Q。

（5）拒取式：¬Q，P→Q⇒¬P。

（6）假言三段论：P→Q，Q→r⇒P→r。

（7）二难推理：P∨Q，P→r，Q→r⇒r。

（8）全称固化：(∀x)P(x)⇒P(y)。

其中，y 是个体域中的任一个体，依此可消去谓词公式中的全称量词。

（9）存在固化：(∃x)P(x)⇒P(y)。

其中，y 是个体域中某一个可以使 P(y)为真的个体，依此可消去谓词公式中的存在量词。

2.3.6　置　换

在不同谓词公式中，往往会出现谓词名相同但其个体不同的情况，此时推理过程是不能直接进行匹配的，需要先进行置换。

例如，根据全称固化推理和假言推理，有谓词公式 $w_1(a)$ 和 $(\forall x)[w_1(x)\to w_2(x)]$，推出 $w_2(a)$。首先把谓词 $w_1(a)$ 看作由全称固化推理[即 $(\forall x)(w_1(x)\Rightarrow w_1(a)$]推出的，其中 a 是任一个体常量。然后使用假言推理，需要找到项 a 对变元 x 的置换，使 $w_1(a)$ 与 $w_1(x)$ 一致。这种寻找项对变元的置换，使谓词一致的过程叫作合一的过程。

置换可简单理解为在一个谓词公式中用置换项去替换变量。置换是：$\{t_1/x_1, t_2/x_2, \cdots, t_n/x_n\}$ 的有限集合。其中，$t_1, t_2, \cdots, t_n$ 是项；$x_1, x_2, \cdots, x_n$ 是互不相同的变元；t_i/x_i 表示用 t_i 替换 x_i，并且要求 t_i 与 x_i 不能相同，x_i 不能循环地出现在另一个 t_i 中。

比如，$\{a/x, c/y, f(b)/z\}$ 是一个置换。但 $\{g(z)/x, f(x)/z\}$ 不是一个置换。原因是它在 x 与 z 之间出现了循环置换现象，即当用 g(z) 置换 x，用 f[g(z)] 置换 z 时，既没有消去 x，也没有消去 z。如果改为 $\{g(a)/x, f(x)/z\}$ 即可，原因是用 g(a) 置换 x，用 f[g(a)] 置换 z，则消去了 x 和 z。

通常，置换是用希腊字母 θ，σ，α，λ 等来表示的。

由此可得：设 $\lambda = \{t_1/x_1, t_2/x_2, \cdots, t_n/x_n\}$ 是一个置换，F 是一个谓词公式，把公式 F 中出现的所有 x_i 换成 $t_i(i = 1, 2, \cdots, n)$，得到一个新的公式 G，称 G 为 F 在置换 λ 下的例示，记作 $G = F\lambda$。

同样，如有两个集合 $\theta = \{t_1/x_1, t_2/x_2, \cdots, t_n/x_n\}$，$\lambda = \{u_1/y_1, u_2/y_2, \cdots, u_m/y_m\}$ 是两个置换，则 θ 与 λ 的合成也是一个置换，记作 $\theta\circ\lambda$。它是从集合 $\{t_1\lambda/x_1, t_2\lambda/x_2, \cdots, t_n\lambda/x_n, u_1/y_1, u_2/y_2, \cdots, u_m/y_m\}$ 中删去以下两种元素：

① 当 $t_i\lambda = x_i$ 时，删去 $t_i\lambda/x_i$ $(i = 1, 2, \cdots, n)$；

② 当 $y_j \in \{x_1, x_2, \cdots, x_n\}$ 时，删去 u_j/y_j $(j = 1, 2, \cdots, m)$。

最后剩下的元素所构成的集合。

例 45： 设 $\theta = \{f(y)/x, z/y\}$，$\lambda = \{a/x, b/y, y/z\}$，求 θ 与 λ 的合成。

解： 先求集合：

$\{f(b/y)/x, (y/z)/y, a/x, b/y, y/z\} = \{f(b)/x, y/y, a/x, b/y, y/z\}$

其中，f(b)/x 中的 f(b) 是置换 λ 作用于 f(y) 的结果；y/y 中的 y 是置换 λ 作用于 z 的结果。在该集合中，y/y 满足定义中的条件。

① 需要删除；a/x 和 b/y 满足定义中的条件。

② 也需要删除。

最后得：$\theta\circ\lambda = \{f(b)/x, y/z\}$。

2.3.7　合　一

合一可简单理解为是寻找项对变量的置换，使两个谓词公式一致。设有公式集 $F = \{F_1, F_2, \cdots, F_n\}$，若存在一个置换 θ，可使 $F_1\theta = F_2\theta = \cdots = F_n\theta$，则称 θ 是 F 的一个合一；称

F_1, F_2, …, F_n 是可合一的。比如，公式集 F = {P(x, y, f(y)), P(a, g(x), z)}，则有λ = {a/x, g(a)/y, f(g(a))/z}是 F 的一个合一。

2.3.8　三段论推理

从一组已知为真的事实出发，直接运用经典逻辑中的推理规则推出结论的过程称为自然演绎推理。自然演绎推理最基本的推理规则是三段论推理，它包括：假言推理、拒取式、假言三段论。

例 46：设已知如下事实：A, B, A→C, B∧C→D, D→Q，求证：Q 为真。

证明：因为 A，A→C⇒C　　　　　假言推理

B，C⇒B∧C　　　　　　　　引入合取词

B∧C，B∧C→D⇒D　　　　　假言推理

D，D→Q⇒Q　　　　　　　　假言推理

因此，Q 为真。

例 47：设已知如下事实：

① 如果是需要编程序的课，王程（Wang Cheng）就喜欢。

② 所有的程序设计语言课都是需要编程序的课。

③ C 是一门程序设计语言课。

求证：王程喜欢 C 这门课。

证明：首先定义谓词

N(x)：x 是需要编程序的课；

L(x, y)：x 喜欢 y；

P(x)：x 是一门程序设计语言课。

把已知事实及待求解问题用谓词公式表示如下：

N(x)→L(Wang Cheng, x)(∀x)[P(x)→N(x)]P(C)。

应用推理规则进行推理：

P(y)→N(y)(全称固化)。

P(C)，P(y)→N(y)⇒N(C)(假言推理{C/y})N(C)，N(x)→L(Wang Cheng, x)⇒L(Wang Cheng, C)(假言推理{C/x})，因此，王程喜欢 C 这门课。

归结演绎推理是一种基于鲁滨孙归结原理的机器推理技术。鲁滨孙归结原理是在海伯伦理论基础上提出的一种逻辑"反证法"。定理证明的实质就是要对前提 P 和结论 Q，证明 P→Q 永真。要证明 P→Q 永真，可以采用反证法的思想，把关于永真性的证明转化为关于不可满足性的证明。即要证明 P→Q 永真，只要能够证明 P∧¬Q 是不可满足即可，原因是：¬(P→Q)⇔¬(¬P∨Q)⇔P∧¬Q。

2.3.9　归结演绎推理的逻辑基础

1. 谓词公式的永真性和可满足性

① 如果谓词公式 P 对非空个体域 D 上的任一解释取得真值 T，则称 P 在 D 上是永真的；如果 P 在任何非空个体域上均是永真的，则称 P 永真。

要判定一谓词公式为永真，必须对每个非空个体域上的每个解释逐一进行判断。当解释的个数为有限时，尽管工作量大，公式的永真性毕竟还可以判定，但当解释个数为无限时，其永真性就很难判定了。

② 对于谓词公式 P，如果至少存在 D 上的一个解释，使公式 P 在此解释下的真值为 T，则称公式 P 在 D 上是可满足的。谓词公式的可满足性也称为相容性。

③ 如果谓词公式 P 对非空个体域 D 上的任一解释都取假值 F，则称 P 在 D 上是永假的；如果 P 在任何非空个体域上均是永假的，则称 P 永假。谓词公式的永假性又称不可满足性或不相容性。

归结推理，就是采用一种逻辑上的反证法，将永真性转换为不可满足性的证明。

2. 谓词公式的范式

范式是谓词公式的标准形式。在谓词逻辑中，范式分为两种：前束范式和 Skolem 范式。

① 前束范式。

设 F 为一谓词公式，如果其中的所有量词均非否定地出现在公式的最前面，且它们的辖域为整个公式，则称 F 为前束范式。一般形式：

其中，$Q_i[i = (Q_1 x_1) \cdots (Q_n x_n) M(x_1, x_2, \cdots, x_n)1, 2, \cdots, n]$ 为前缀，它是一个由全称量词或存在量词组成的量词串；$M(x_1, x_2, \cdots, x_n)$ 为母式，它是一个不含任何量词的谓词公式。

例如，$(\forall x)(\forall y)(\exists z)[P(x) \wedge Q(y, z) \vee r(x, z)]$ 是前束范式。任一谓词公式均可化为与其对应的前束范式，其化简方法将在后面子句集的化简中讨论。

② Skolem 范式。

如果前束范式中所有的存在量词都在全称量词之前，则称这种形式的谓词公式为 Skolem 范式。

例如，$(\exists x)(\exists z)(\forall y)[P(x) \vee Q(y, z) \wedge r(x, z)]$ 是 Skolem 范式。任一谓词公式均可化为与其对应的 Skolem 范式，其化简方法也将在后面子句集的化简中讨论。

2.3.10　子句集及其化简

1. 子句和子句集

鲁滨孙归结原理是在子句集的基础上讨论问题的。因此，讨论归结演绎推理之前，需要先讨论子句集的有关概念。

① 原子谓词公式及其否定统称为文字。

例如，P(x), Q(x), ¬P(x), ¬Q(x)等都是文字。

② 任何文字的析取式称为子句。

例如，$P(x) \vee Q(x)$, $P(x, f(x)) \vee Q(x, g(x))$ 都是子句。

③ 不含任何文字的子句称为空子句。

由于空子句不含有任何文字，也就不能被任何解释所满足，因此空子句是永假的，不可满足的。

④ 由子句或空子句构成的集合称为子句集。

2. 子句集的化简

在谓词逻辑中，任何一个谓词公式都可以通过应用等价关系及推理规则化成相应的子句集。其化简步骤如下：

① 消去连接词"→"和"↔"。

方法：反复使用如下等价公式，即可消去谓词公式中的连接词"→"和"↔"。

$P \rightarrow Q \Leftrightarrow \neg P \vee Q$

$P \leftrightarrow Q \Leftrightarrow (P \wedge Q) \vee (\neg P \wedge \neg Q)$

比如：$(\forall x)((\forall y)P(x, y) \rightarrow \neg(\forall y)(Q(x, y) \rightarrow r(x, y)))$经等价变化后为$(\forall x)(\neg(\forall y)P(x, y) \vee \neg(\forall y)(\neg Q(x, y) \vee r(x, y)))$。

② 减少否定符号的辖域。

方法：反复使用双重否定率、摩根定律、量词转换率，将每个否定符号"¬"移到紧靠谓词的位置，使得每个否定符号最多只作用于一个谓词。

双重否定率：$\neg(\neg P) \Leftrightarrow P$

摩根定律：$\neg(P \wedge Q) \Leftrightarrow \neg P \vee \neg Q$

$\neg(P \vee Q) \Leftrightarrow \neg P \wedge \neg Q$

量词转换率：$\neg(\forall x)P(x) \Leftrightarrow (\exists x)\neg P(x)$

$\neg(\exists x)P(x) \Leftrightarrow (\forall x)\neg P(x)$

比如，$(\forall x)(\neg(\forall y)P(x, y) \vee \neg(\forall y)(\neg Q(x, y) \vee r(x, y)))$经等价变换后为$(\forall x)((\exists y)\neg P(x, y) \vee (\exists y)(Q(x, y) \wedge \neg r(x, y)))$。

③ 对变元标准化。

在一个量词的辖域内，把谓词公式中受该量词约束的变元全部用另外一个没有出现过的任意变元代替，使不同量词约束的变元有不同的名字。

比如，$(\forall x)((\exists y)\neg P(x, y) \vee (\exists y)(Q(x, y) \wedge \neg r(x, y)))$经变换后为$(\forall x)((\exists y)\neg P(x, y) \vee (\exists z)(Q(x, z) \wedge \neg r(x, z)))$。

④ 化为前束范式。

方法：把所有量词都移到公式的左边，并且在移动时不能改变其相对顺序。由于③已对变元进行了标准化，每个量词都有自己的变元，这就消除了任何由变元引起冲突的可能，因此这种移动是可行的。

比如，$(\forall x)((\exists y)\neg P(x, y) \vee (\exists z)(Q(x, z) \wedge \neg r(x, z)))$化为前束范式后为$(\forall x)(\exists y)(\exists z)(\neg P(x, y) \vee (Q(x, z) \wedge \neg r(x, z)))$。

⑤ 化为 Skolem 标准形。

对$(\forall x)(\exists y)(\exists z)(\neg P(x, y) \vee (Q(x, z) \wedge \neg r(x, z)))$前束范式应用以下等价关系：$P \vee (Q \wedge r) \Leftrightarrow (P \vee Q) \wedge (P \vee r)$。

比如，$(\forall x)(\exists y)(\exists z)(\neg P(x, y) \vee (Q(x, z) \wedge \neg r(x, z)))$化为 Skolem 标准形后为：

$(\forall x)(\exists y)(\exists z)((\neg P(x, y) \vee Q(x, z)) \wedge (\neg P(x, y) \vee \neg r(x, z)))$。

⑥ 消去存在量词。

消去存在量词时，需要区分以下两种情况：

A. 若存在量词不出现在全称量词的辖域内（即它的左边没有全称量词），只要用一个新的个体常量替换成该存在量词约束的变元，就可消去该存在量词。

B. 若存在量词位于一个或多个全称量词的辖域内，例如：

$(\forall x_1)\cdots(\forall x_n)(\exists y)P(x_1, x_2, \cdots, x_n, y)$

则需要用 Skolem 函数 $f(x_1, x_2, \cdots, x_n)$ 替换成该存在量词约束的变元 y，然后再消去该存在量词。

例如，⑤所得公式中存在量词$(\exists y)$和$(\exists z)$都位于$(\forall x)$的辖域内，因此都需要用 Skolem 函数来替换。设替换 y 和 z 的 Skolem 函数分别是 $f(x)$ 和 $g(x)$，则替换后的式子为$(\forall x)(\neg P(x, f(x)) \vee (Q(x, g(x)) \wedge (\neg P(x, f(x)) \wedge \neg r(x, g(x)))))$。

⑦ 消去全称量词。

由于母式中的全部变元均受全称量词约束，并且与全称量词的次序无关，因此可省掉全称量词。但剩下的母式，仍假设其变元是被全称量词量化的。

例如，上式消去全称量词后为：

$(\neg P(x, f(x)) \vee Q(x, g(x)) \wedge (\neg P(x, f(x)) \vee \neg r(x, g(x))))$

⑧ 消去合取词。

在母式中消去所有合取词，把母式用子句集的形式表示出来。其中，子句集中的每一个元素都是一个子句。

例如，上式的子句集中包含以下两个子句：

$\neg P(x, f(x)) \vee Q(x, g(x))$

$\neg P(x, f(x)) \vee \neg r(x, g(x))$

⑨ 更换变量名称。

对子句集中的某些变量重新命名，使任意两个子句中不出现相同的变量名。由于任意两个不同子句的变量之间实际上不存在任何关系，因此，更换变量名不会影响公式的真值。

例如，对前式，可把第二个子句集中的变元 x 更换为 y，得到如下子句集：

$\neg P(x, f(x)) \vee Q(x, g(x))$

$\neg P(y, f(y)) \vee \neg r(y, g(y))$

2.3.11　子句集的应用

由于子句集化简过程在消去存在量词时所用的 Skolem 函数可以不同，因此所得到的标准子句集不唯一。当原谓词公式为可满足时，它与其标准子句集不一定等价。但当原谓词公式为不可满足时，则其标准子句集一定是不可满足的，即 Skolem 化并不影响原谓词公式的不可满足性。这个结论是归结原理的主要依据，可用定理的形式来描述。

归结原理的定理：设有谓词公式 F，其标准子句集为 S，则 F 为不可满足的充要条件是 S 为不可满足的。

为证明此定理，先做如下说明：设给定的谓词公式 F 已为前束形，则

$$(Q_1x_1)\cdots(Q_rx_r)\cdots(Q_nx_n)M(x_1, x_2, \cdots, x_n)$$

其中，$M(x_1, x_2, \cdots, x_n)$ 已化为合取范式。

由于将 F 化为这种前束形是一种很容易实现的等价运算，因此这种假设是可以的。又设 Q_rx_r 是第一个出现的存在量词 $(\exists x_r)$，则 F 为

$$F = (\forall x_1)\cdots(\forall x_{r-1})(\exists x_r)(Q_{r+1}x_{r+1})\cdots(Q_nx_n)M(x_1, \cdots, x_{r-1}, x_r, x_{r+1}, \cdots, x_n)$$

$$F_1 = (\forall x_1)\cdots(\forall x_{r-1})(Q_{r+1}x_{r+1})\cdots(Q_nx_n)M(x_1, \cdots, x_{r-1}, f(x_1, \cdots, x_{r-1}), x_{r+1}, \cdots, x_n)$$

若能证明：F 不可满足 $\Leftrightarrow F_1$ 不可满足，同理可证：

$$F_1 \text{ 不可满足} \Leftrightarrow F_2 \text{ 不可满足}$$

重复这一过程，直到证明到以下公式为止：

$$F_{m-1} \text{ 不可满足} \Leftrightarrow F_m \text{ 不可满足}$$

此时，F_m 已为 F 的 Skolem 标准形。而 S 只不过是 F_m 的一种集合表示形式。因此有：

$$F_m \text{ 不可满足} \Leftrightarrow S \text{ 不可满足}$$

这样，就把"F_m 不可满足 $\Leftrightarrow$ S 不可满足"的证明转化成了"F 不可满足 $\Leftrightarrow F_1$ 不可满足"的证明。其证明方法为反证法。

2.3.12 鲁滨孙归结原理

1. 鲁滨孙归结原理的两个关键

第一，子句集中的子句之间是合取关系。因此，子句集中只要有一个子句为不可满足，则整个子句集就是不可满足的。

第二，空子句是不可满足的。因此，一个子句集中如果包含有空子句，则此子句集就一定是不可满足的。

2. 鲁滨孙归结原理的基本思想

首先把欲证明问题的结论否定，并加入子句集，得到一个扩充的子句集 S'。然后设法检验子句集 S' 是否含有空子句，若含有空子句，则表明 S' 是不可满足的；若不含有空子句，则继续使用归结法，在子句集中选择合适的子句进行归结，直至导出空子句或不能继续归结为止。

3. 鲁滨孙归结原理的内容

鲁滨孙归结原理包括：命题逻辑归结原理、谓词逻辑归结原理。

① 命题逻辑归结原理：归结推理的核心是求两个子句的归结式。

命题逻辑的归结式定义 1：若 P 是原子谓词公式，则称 P 与 ¬P 为互补文字。

命题逻辑的归结式定义 2：设 C_1 和 C_2 是子句集中的任意两个子句，如果 C_1 中的文字 L_1 与 C_2 中的文字 L_2 互补，那么可从 C_1 和 C_2 中分别消去 L_1 和 L_2，并将 C_1 和 C_2 余

下的部分按析取关系构成一个新的子句 C_{12}，则称这一过程为归结，称 C_{12} 为 C_1 和 C_2 的归结式，称 C_1 和 C_2 为 C_{12} 的亲本子句。

例 48：设 $C_1 = P \vee Q \vee r$，$C_2 = \neg P \vee S$，求 C_1 和 C_2 的归结式 C_{12}。

解：这里 $L_1 = P$，$L_2 = \neg P$，通过归结可以得到：$C_{12} = Q \vee r \vee S$。

例 49：设 $C_1 = \neg Q$，$C_2 = Q$，求 C_1 和 C_2 的归结式 C_{12}。

解：这里 $L_1 = \neg Q$，$L_2 = Q$，通过归结可以得到：$C_{12} = NIL$。

例 50：设 $C_1 = \neg P \vee Q$，$C_2 = \neg Q$，$C_3 = P$，求 C_1, C_2, C_3 的归结式 C_{123}。

解：若先对 C_1, C_2 归结，可得到 $C_{12} = \neg P$。

然后再对 C_{12} 和 C_3 归结，得到 $C_{123} = NIL$。

如果改变归结顺序，同样可以得到相同的结果，即其归结过程是不唯一的。其归结过程可用图 2-47 来表示，该树称为归结树。

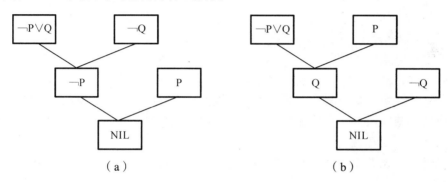

图 2-47　归结树

定理 1：归结式 C_{12} 是其亲本子句 C_1 和 C_2 的逻辑结论。

证明：设 $C_1 = L \vee C'_1$，$C_2 = \neg L \vee C'_2$ 关于解释 I 为真，则只需证明 $C_{12} = C'_1 \vee C'_2$ 关于解释 I 也为真。

对于解释 I, L 和 $\neg L$ 中必有一个为假。

若 L 为假，则必有 C'_1 为真，不然就会使 C_1 为假，这将与前提假设 C_1 为真矛盾，因此只能有 C'_1 为真。

同理，若 $\neg L$ 为假，则必有 C'_2 为真。

因此，必有 $C_{12} = C'_1 \vee C'_2$ 关于解释 I 也为真。即 C_{12} 是 C_1 和 C_2 的逻辑结论。

上述定理是归结原理中的一个重要定理，由它可得到以下两个推论：

推论 1：设 C_1 和 C_2 是子句集 S 中的两个子句，C_{12} 是 C_1 和 C_2 的归结式，若用 C_{12} 代替 C_1 和 C_2 后得到新的子句集 S_1，则由 S_1 的不可满足性可以推出原子句集 S 的不可满足性。即 S_1 的不可满足性 $\Rightarrow$ S 的不可满足性。

证明：设 $S = \{C_1, C_2, C_3, \cdots, C_n\}$，$C_{12}$ 是 C_1 和 C_2 的归结式，则用 C_{12} 代替 C_1 和 C_2 后可得到一个新的子句集：$S_1 = \{C_{12}, C_3, \cdots, C_n\}$。

设 S_1 是不可满足的，则对不满足 S_1 的任一解释 I，都可能有以下两种情况：

A. 解释 I 使 C_{12} 为真，则 C_3，…，C_n 中必有一个为假，即 S 是不可满足的。

B. 解释 I 使 C_{12} 为假，即 $\neg C_{12}$ 为真，则有 $\neg(C_1 \wedge C_2)$ 永真，即 $\neg C_1 \vee \neg C_2$ 永真，它说明解释 I 使 C_1 为假，或 C_2 为假。即 S 也是不可满足的。

因此可以得出：S_1 的不可满足性 ⇒ S 的不可满足性。

推论 2：设 C_1 和 C_2 是子句集 S 中的两个子句，C_{12} 是 C_1 和 C_2 的归结式，若把 C_{12} 加入 S 中得到新的子句集 S_2，则 S 与 S_2 的不可满足性是等价的，即 S_2 的不可满足性⇔S 的不可满足性。

证明：先证明 S_2 的不可满足性⇐ S 的不可满足性。

设 $S = \{C_1, C_2, C_3, \cdots, C_n\}$ 是不可满足的，则 $C_1, C_2, C_3, \cdots, C_n$ 中必有一子句为假，因而 $S_2 = \{C_{12}, C_1, C_2, C_3, \cdots, C_n\}$ 必为不可满足。

再证明：S_2 的不可满足性⇒S 的不可满足性。

设 S_2 是不可满足的，则对不满足 S_2 的任一解释 I，都可能有以下两种情况：

A. 解释 I 使 C_{12} 为真，则 $C_1, C_2, C_3, \cdots, C_n$ 中必有一个为假，即 S 是不可满足的。

B. 解释 I 使 C_{12} 为假，即 $\neg C_{12}$ 为真，则有 $\neg(C_1 \wedge C_2)$ 永真，即 $\neg C_1 \vee \neg C_2$ 永真，它说明解释 I 使 C_1 为假，或 C_2 为假。即 S 也是不可满足的。

由此可见，S 与 S_2 的不可满足性是等价的，即 S 的不可满足性⇔S_2 的不可满足性。上述两个推论说明，要证明子句集 S 的不可满足性，只需对其中可进行归结的子句进行归结，并把归结式加入子句集 S 中，或者用归结式代替它的亲本子句，然后对新的子句集证明其不可满足性就可以了。

如果经归结能得到空子句，根据空子句的不可满足性，即可得到原子句集 S 是不可满足的结论。

在命题逻辑中，对不可满足的子句集 S，其归结原理是完备的。

这种不可满足性可用如下结论描述：子句集 S 是不可满足的，当且仅当存在一个从 S 到空子句的归结过程。

② 谓词逻辑归结原理。

在谓词逻辑中，由于子句集中的谓词一般都含有变元，因此不能像命题逻辑那样直接消去互补文字，而需要先用一个合一对变元进行代换，然后才能进行归结。可见，谓词逻辑的归结要比命题逻辑的归结更麻烦。

谓词逻辑的归结原理（谓词逻辑中的归结式）：设 C_1 和 C_2 是两个没有公共变元的子句，L_1 和 L_2 分别是 C_1 和 C_2 中的文字，如果 L_1 和 $L2$ 存在合一 σ，则称 $C_{12} = (\{C_{1\sigma}\}-\{L_{1\sigma}\}) \cup (\{C_{2\sigma}\}-\{L_{2\sigma}\})$，即为 C_1 和 C_2 的二元归结式，而 L_1 和 L_2 为归结式上的文字。

例 51：设 $C_1 = P(a) \vee r(x)$，$C_2 = \neg P(y) \vee Q(b)$，求 C_{12}。

解：取 $L_1 = P(a)$，$L_2 = \neg P(y)$，则 L_1 和 L_2 的合一是 $\sigma = \{a/y\}$。根据定义可得

$C_{12} = (\{C_{1\sigma}\}-\{L_{1\sigma}\}) \cup (\{C_{2\sigma}\}-\{L_{2\sigma}\})$

$\quad = (\{P(a), r(x)\}-\{P(a)\}) \cup (\{\neg P(a), Q(b)\}-\{\neg P(a)\})$

$\quad = (\{r(x)\}) \cup (\{Q(b)\}) = \{r(x), Q(b)\}$

$\quad = r(x) \vee Q(b)$

例52：设 $C_1 = P(x) \vee Q(a)$，$C_2 = \neg P(b) \vee r(x)$，求 C_{12}。

解：由于 C_1 和 C_2 有相同的变元 x，不符合谓词逻辑归结定义的要求。为了进行归结，需要修改 C_2 中变元 x 的名字，令 $C_2 = \neg P(b) \vee r(y)$。此时 $L_1 = P(x)$，$L_2 = \neg P(b)$，L_1 和 L_2 的合一是 $\sigma = \{b/x\}$。则

$$C_{12} = (\{C_1\sigma\} - \{L_1\sigma\}) \cup (\{C_2\sigma\} - \{L_2\sigma\})$$
$$= (\{P(b), Q(a)\} - \{P(b)\}) \cup (\{\neg P(b), r(y)\} - \{\neg P(b)\})$$
$$= (\{Q(a)\}) \cup (\{r(y)\}) = \{Q(a), r(y)\}$$
$$= Q(a) \vee r(y)$$

对以上讨论做以下两点说明：

A. 这里之所以使用集合符号和集合的运算，是为了说明问题。

即先将子句 $C_i\sigma$ 和 $L_i\sigma$ 写成集合的形式，在集合表示下做减法和并集运算，然后再写成子句集的形式。

B. 定义中还要求 C_1 和 C_2 无公共变元，这也是合理的。

例如 $C_1 = P(x)$，$C_2 = \neg P(f(x))$，而 $S = \{C_1, C_2\}$ 是不可满足的。但由于 C_1 和 C_2 的变元相同，就无法合一了。没有归结式，就不能用归结法证明 S 的不可满足性，这就限制了归结法的使用范围。

如果对 C_1 或 C_2 的变元进行换名，便可通过合一，对 C_1 和 C_2 进行归结。如例51，若先对 C_2 进行换名，即 $C_2 = \neg P(f(y))$，则可对 C_1 和 C_2 进行归结，得到一个空子句，从而证明了 S 是不可满足的。

事实上，在由公式集化为子句集的过程中，其最后一步是做换名处理。因此，定义中假设 C_1 和 C_2 没有相同变元是可以的。

例53：设 $C_1 = P(x) \vee \neg Q(b)$，$C_2 = \neg P(a) \vee Q(y) \vee r(z)$。

解：对 C_1 和 C_2 通过合一 $\{a/x, b/y\}$ 的作用，可以得到两个互补对。

注意：求归结式不能同时消去两个互补对，其结果不是二元归结式。如在 $\sigma = \{a/x, b/y\}$ 下，若同时消去两个互补对所得 $r(z)$ 不是 C_1 和 C_2 的二元归结式。

例54：设 $C_1 = P(x) \vee P(f(a)) \vee Q(x)$，$C_2 = \neg P(y) \vee r(b)$，求 C_{12}。

解：对参加归结的某个子句，若其内部有可合一的文字，则在进行归结之前应先进行合一。本例 C_1 中有 $P(x)$ 与 $P(f(a))$，若用它们的合一 $\sigma = \{f(a)/x\}$ 进行代换，可得

$$C_1\sigma = P(f(a)) \vee Q(f(a))$$

此时可对 $C_1\sigma$ 与 C_2 进行归结。选 $L_1 = P(f(a))$，$L_2 = \neg P(y)$，L_1 和 L_2 的合一是 $\sigma = \{f(a)/y\}$，即得到 C_1 和 C_2 的二元归结式为：

$$C_{12} = r(b) \vee Q(f(a))$$

其中，$C_1\sigma$ 为 C_1 的因子。若 C 有两个或两个以上的文字具有合一 σ，则称 $C\sigma$ 为子句 C 的因子。若 $C\sigma$ 是一个单文字，则称它为 C 的单元因子。

2.3.13 归结演绎推理的方法

1. 命题逻辑的归结演绎推理

① 归结原理。

假设 F 为已知前提，G 为欲证明的结论，归结原理把证明 G 为 F 的逻辑结论转化为证明 F∧¬G 为不可满足。

在不可满足的意义上，公式集 F∧¬G 与其子句集是等价的，即把公式集上的不可满足转化为子句集上的不可满足。

② 归结反演。

应用归结原理证明定理的过程称为归结反演。

③ 归结反演过程。

在命题逻辑中，已知 F，证明 G 为真的归结反演过程如下：

A. 否定目标公式 G，得¬G。

B. 把¬G 并入到公式集 F 中，得到{F, ¬G}。

C. 把{F, ¬G}化为子句集 S。

D. 应用归结原理对子句集 S 中的子句进行归结，并把每次得到的归结式并入 S 中。如此反复进行，若出现空子句，则停止归结，此时就证明了 G 为真。

例 55: 设已知的公式集为{P, (P∧Q)→r, (S∨t)→Q, t}，求证：结论 r 为真。

解: 假设结论 r 为假，将¬r 加入公式集，并化为子句集：

S = {P, ¬P∨¬Q∨r, ¬S∨Q, ¬t∨Q, t, ¬r}

其归结过程如图 2-48 归结树所示。其含义为：先假设子句集 S 中的所有子句均为真，即原公式集为真，¬r 也为真；然后利用归结原理，对子句集进行归结，并把所得的归结式并入子句集中；重复这一过程，最后归结出了空子句。

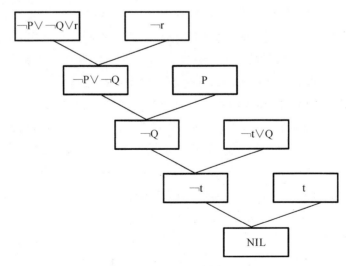

图 2-48　归结树

根据归结原理的完备性，可知子句集 S 是不可满足的，即开始时假设¬r 为真是错误的，这就证明了 r 为真。

2. 谓词逻辑的归结演绎推理

谓词逻辑的归结演绎推理过程与命题逻辑的归结演绎推理过程相比，其步骤基本相同，但每步的处理对象不同。例如，化简子句集时，谓词逻辑需要把由谓词构成的公式集化为子句集。

例 56：已知

F: $(\forall x)((\exists y)(A(x, y) \land B(y)) \rightarrow (\exists y)(C(y) \land D(x, y)))$;

G: $\neg(\exists x)C(x) \rightarrow (\forall x)(\forall y)(A(x, y) \rightarrow \neg B(y))$;

求证：G 是 F 的逻辑结论。

证明：先把 G 否定，并放入 F 中，得到的{F, ¬G}为：

$\{(\forall x)((\exists y)(A(x, y) \land B(y)) \rightarrow (\exists y)(C(y) \land D(x, y))), \neg(\neg(\exists x)C(x) \rightarrow (\forall x)(\forall y)(A(x, y) \rightarrow \neg B(y)))\}$

再把{F, ¬G}化成子句集，得

A. $\neg A(x, y) \lor \neg B(y) \lor C(f(x))$

B. $\neg A(u, v) \lor \neg B(v) \lor D(u, f(u))$

C. $\neg C(z)$

D. $A(m, n)$

E. $B(k)$

其中，前两个是由 F 化出的子句，后三个是由¬G 化出的子句。最后应用谓词逻辑的归结原理对上述子句集进行归结，其过程为 F.¬A(x, y)∨¬B(y) //由 A 和 C 归结，取 $\sigma = \{f(x)/z\}$

G.¬B(n)　//由 D 和 F 归结，取 $\sigma = \{m/x, n/y\}$

H.NIL　　//由 E 和 G 归结，取 $\sigma = \{n/k\}$

因此，G 是 F 的逻辑结论。

上述归结过程可用图 2-49 所示归结树来表示：

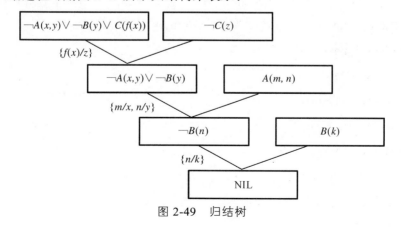

图 2-49　归结树

2.3.14 归结演绎系统简例

例 57："快乐学生"问题。

假设：任何通过计算机考试并获奖的人都是快乐的，任何肯学习或幸运的人都可以通过所有考试，马同学（Ma student)不肯学习但她是幸运的，任何幸运的人都能获奖。

求证：马同学是快乐的。

证明：先定义谓词：

Pass(x, y) //x 可以通过 y 考试

win(x, Prize) //x 能获得奖励

Study(x) //x 肯学习

happy(x) //x 是快乐的

Lucky(x) //x 是幸运的再将问题用谓词表示如下：

"任何通过计算机考试并获奖的人都是快乐的"：

$(\forall x)(Pass(x, Computer) \wedge win(x, Prize) \rightarrow happy(x))$

"任何肯学习或幸运的人都可以通过所有考试"：

$(\forall x)(\forall y)(Study(x) \vee Lucky(x) \rightarrow Pass(x, y))$

"马同学不肯学习但她是幸运的"：

$\neg Study(Ma\ student) \wedge Lucky(Ma\ student)$

"任何幸运的人都能获奖"：

$(\forall x)(Lucky(x) \rightarrow win(x, Prize))$

结论"马同学是快乐的"的否定：

$\neg happy(Ma\ student)$

将上述谓词公式转化为子句集如下：

① $\neg Pass(x, Computer) \vee \neg win(x, Prize) \vee happy(x)$；

② $\neg Study(y) \vee Pass(y, z)$；

③ $\neg Lucky(u) \vee Pass(u, v)$；

④ $\neg Study(Ma\ student)$；

⑤ $Lucky(Ma\ student)$；

⑥ $\neg Lucky(w) \vee win(w, Prize)$；

⑦ $\neg happy(Ma\ student)$(结论的否定)。

其归结过程如图 2-50 归结树所示。

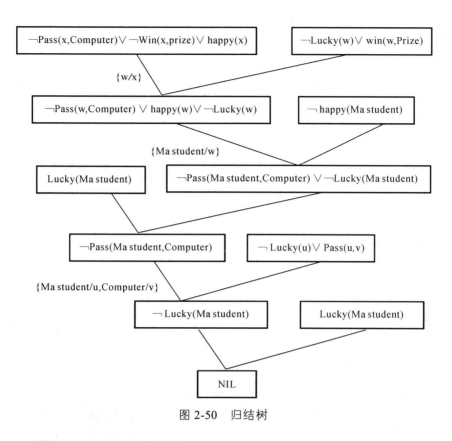

图 2-50　归结树

例 58："激动人心的生活"问题。

假设：所有不贫穷并且聪明的人都是快乐的，那些看书的人是聪明的。

黎鸣（Li Ming）能看书且不贫穷，快乐的人过着激动人心的生活。

求证：黎鸣过着激动人心的生活。

证明：先定义谓词：

Poor(x)　　　//x 是贫穷的

Smart(x)　　　//x 是聪明的

Happy(x)　　　//x 是快乐的

Read(x)　　　//x 能看书

Exciting(x)　　//x 过着激动人心的生活

再将问题用谓词表示如下：

"所有不贫穷并且聪明的人都是快乐的"：

$(\forall x)(((\neg Poor(x) \wedge Smart(x)) \rightarrow Happy(x))$

"那些看书的人是聪明的"：

$(\forall y)(Read(y) \rightarrow Smart(y))$

"黎鸣能看书且不贫穷"：

$Read(Li\ Ming) \wedge \neg Poor(Li\ Ming)$

"快乐的人过着激动人心的生活"：

(∀z)(Happy(z)→Exciting(z))

目标"黎鸣过着激动人心的生活"的否定：

¬Exciting(Li Ming)

将上述谓词公式转化为子句集如下：

① Poor(x)∨¬Smart(x)∨Happy(x)；

② ¬Read(y)∨Smart(y)；

③ Read(Li Ming)；

④ ¬Poor(Li Ming)；

⑤ ¬Happy(z)∨Exciting(z)；

⑥ ¬Exciting(Li Ming)（结论的否定）。其归结过程如图 2-51 归结树所示。

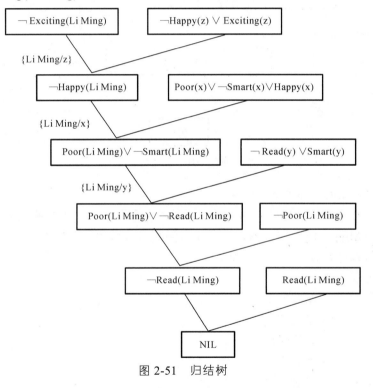

图 2-51　归结树

课后习题

一、填空题

1. 逻辑在知识的形式化表示和机器自动定理证明方面发挥了重要的作用，其中最常用的逻辑是_____。

2. 谓词逻辑表示的特征：自然、_____、_____、_____、模块化。

3. 事实是断言一个语言变量的值或断言多个语言变量之间关系的_____。

4. _____是一种用实体及其语义关系来表达知识的有向图。

5. 语义网络的推理过程主要有两种：_____、_____。

6. 框架是人们认识事物的一种通用的_____。

7. 归结演绎推理是一种_____的机器推理技术。

二、选择题

1. 下列不是知识表示法的是（　　　）。
  A. 计算机表示法   B. 与/或图表示法
  C. 状态空间表示法   D. 产生式规则表示法

2. 下列关于不确定性知识描述错误的是（　　　）。
  A. 不确定性知识是不可以精确表示的
  B. 专家知识通常属于不确定性知识
  C. 不确定性知识是经过处理过的知识
  D. 不确定性知识的事实与结论的关系不是简单的"是"或"不是"

3. 关于与/或图表示知识的叙述，错误的有（　　　）。
  A. 用与/或图表示知识方便；使用程序设计语言表达，也便于计算机存储处理
  B. 与/或图表示知识时一定同时有与节点和或节点
  C. 与/或图能方便地表示陈述性知识和过程性知识
  D. 能用与/或图表示的知识不适宜用其他方法表示

4. 一般来讲，下列语言属于人工智能语言的是（　　　）。
  A. VJ   B. C #   C. FOXPRO   D. LISP

5. 专家系统是一个复杂的智能软件，它处理的对象是用符号表示的知识，处理的过程是（　　　）的过程。
  A. 思考   B. 回溯   C. 推理   D. 递归

6. 确定性知识是指（　　　）知识。
  A. 可以精确表示的   B. 正确的
  C. 在大学中学到的   D. 能够解决问题的

7. 自然语言理解是人工智能的重要应用领域，下面列举中的（　　　）不是它要实现的目标。
  A. 理解别人讲的话
  B. 对自然语言表示的信息进行分析概括或编辑
  C. 自动程序设计
  D. 机器翻译

三、简答题

1. 什么叫命题？

2. 归纳推理分为几类？分别是什么？

第 3 章　搜索算法

搜索是大多数人日常生活中的一部分。搜索是人工智能中的一个基本问题，并与推理密切相关，搜索策略的优劣，将直接影响到智能系统的性能与推理效率。

3.1　搜索概述

搜索是人工智能技术中进行问题求解的基本技术，不管是符号智能还是计算智能以及统计智能和交互智能，不管是解决具体应用问题（如：证明、诊断、规划、调度、配置、优化），还是智能行为本身（如：学习、识别），最终往往都归结为某种搜索，都要用某种搜索算法来实现。

（1）搜索。

搜索就是找到智能系统的操作序列（如下棋走一步棋）的过程，是一种求解问题的一般方法。

（2）搜索算法。

所谓搜索算法，就是利用计算机的高性能来有目的地穷举一个问题的部分或所有的可能情况，从而求出问题的解的一种方法。搜索过程实际上是根据初始条件和扩展规则构造一棵解答树并寻找符合目标状态的节点的过程。

（3）搜索的类型（见图 3-1）。

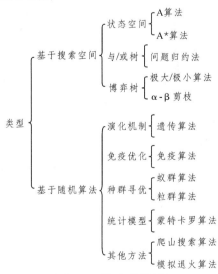

图 3-1　搜索的类型

3.2　状态空间

人工智能中把描述问题的有向图称为状态空间图，简称状态图，如图 3-2 所示。

- 状态图中的结点代表问题的一种格局，一般称为问题的一个状态；
- 边表示两结点之间操作关系。

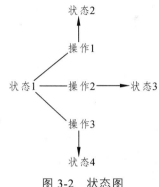

图 3-2　状态图

3.2.1　状态空间图表示

状态空间表示法是指用"状态"和"操作"组成的"状态空间"来表示问题求解的一种方法。

1. 状态（State）

描述问题求解过程中不同时刻下状况的一组变量或数组。

$S=[s_1, s_2, \cdots]$

例如，三个硬币的正反面状态有：

状态 1：[正，正，正]

状态 2：[正，正，反]

状态 3：[正，反，反]

……

共 8 种状态。

2. 操作（Operator）

操作表示引起状态变化的一组关系或函数。

例如：上述示例中的给某个硬币翻面。

3. 状态空间（State Space）

用状态变量和操作符号表示系统或问题。

示例：八数码问题，如图 3-3 所示。

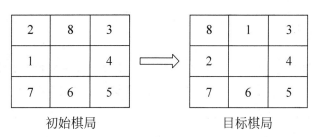

图 3-3　八数码问题

状态集：数字在表格中的所有排法。

操作算子：空格上移、空格左移、空格下移、空格右移。

3.2.2　状态空间问题求解

状态空间法求解问题的基本过程：

首先，为问题选择适当的"状态"及"操作"的形式化描述方法。

其次，从某个初始状态出发，每次使用一个"操作"递增地建立起操作序列，直到达到目标状态为止。

最后，由初始状态到目标状态所使用的算符序列就是该问题的一个解。

例 1　梵塔问题。传说在印度的贝那勒斯的圣庙中，主神梵天做了一个由 64 个大小不同的金盘组成的"梵塔"，并把它穿在一个宝石杆上。另外，旁边再插上两个宝石杆。然后，他要求僧侣们把穿在第一个宝石杆上的 64 个金盘全部搬到第三个宝石杆上。搬动金盘的规则是：一次只能搬一个；不允许将较大的盘子放在较小的盘子上。于是，梵天预言：一旦 64 个盘子都搬到了 3 号杆上，世界将在一声霹雳中毁灭。

盘子的搬动次数：

$2^{64} - 1 = 18\ 446\ 744\ 073\ 709\ 511\ 615$

例 2　二阶梵塔问题。

设有三根宝石杆，在 1 号杆上穿有 A、B 两个金盘，A 小于 B，A 位于 B 的上面。用二元组 (S_A, S_B) 表示问题的状态，S_A 表示金盘 A 所在的杆号，S_B 表示金盘 B 所在的杆号，这样，全部可能的状态有 9 种，可表示如下：

$(1, 1)$, $(1, 2)$, $(1, 3)$

$(2, 1)$, $(2, 2)$, $(2, 3)$

$(3, 1)$, $(3, 2)$, $(3, 3)$

如图 3-4 所示。

这里的状态转换规则就是金盘的搬动规则，分别用 $A(i, j)$ 及 $B(i, j)$ 表示：$A(i, j)$ 表示把 A 盘从第 i 号杆移到第 j 号杆上；$B(i, j)$ 表示把 B 盘从第 i 号杆移到第 j 号杆上。经分析，共有 12 个操作，它们分别是：

$A(1, 2)$, $A(1, 3)$, $A(2, 1)$, $A(2, 3)$, $A(3, 1)$, $A(3, 2)$

$B(1, 2)$, $B(1, 3)$, $B(2, 1)$, $B(2, 3)$, $B(3, 1)$, $B(3, 2)$

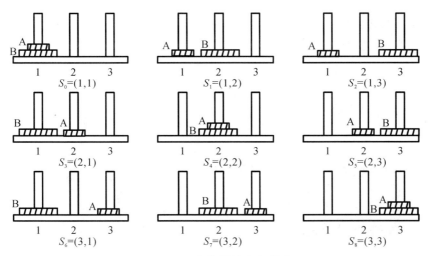

图 3-4　二阶梵塔的全部状态

规则的具体形式应是：

IF〈条件〉THEN $A(i, j)$

IF〈条件〉THEN $B(i, j)$

这样由题意，问题的初始状态为(1, 1)，目标状态为(3, 3)，则二阶梵塔问题可用状态图表示为：

$(\{(1, 1)\}, \{A(1, 2), \cdots, B(3, 2)\}, \{(3, 3)\})$

由这 9 种可能的状态和 12 种操作，二阶梵塔问题的状态空间如图 3-5 所示。

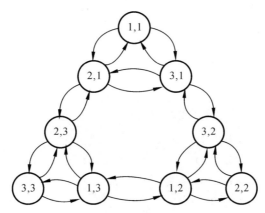

图 3-5　二阶梵塔状态空间图

例 3　传教士（Missionaries）和食人族（Cannibals）问题（简称 M-C 问题）。

设在河的一岸有 3 个食人族、3 个传教士和 1 条船，传教士想用这条船把所有的人运到河对岸，如图 3-6 所示，但受以下条件的约束：

第一，传教士和食人族都会划船，但每次船上至多可载 2 个人；

第二，在河的任一岸如果食人族数目超过传教士数，传教士会被食人族吃掉。

如果食人族会服从任何一次过河安排，请规划一个确保传教士和食人族都能过河且没有传教士被食人族吃掉的安全过河计划。

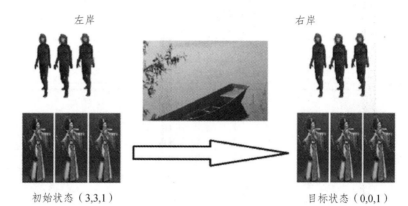

初始状态（3,3,1）　　　　　　　　　　　　　目标状态（0,0,1）

图 3-6　传教士和食人族问题

解： 先选取描述问题状态的方法。这里，需要考虑两岸的传教士人数和食人族数，还需要考虑船在左岸还是在右岸，故可用如下三元组来表示状态：

$$S = (m, c, b)$$

其中，m 表示左岸的传教士人数，c 表示左岸的食人族数，b 表示左岸的船数。而右岸的状态可由下式确定：

右岸传教士人数：$m' = 3 - m$

右岸食人族数：$c' = 3 - c$

右岸船数：$b' = 1 - b$

在这种表示方式下，m 和 c 都可取 0、1、2、3 中之一，b 可取 0 和 1 中之一。因此，共有 $4 \times 4 \times 2 = 32$ 种状态。

① 有效状态。

在 32 种状中，除去不合法和传教士被食人族吃掉的状态，有效状态只 16 种：

$S_0 = (3, 3, 1)$　　　$S_1 = (3, 2, 1)$　　　$S_2 = (3, 1, 1)$　　　$S_3 = (2, 2, 1)$

$S_4 = (1, 1, 1)$　　　$S_5 = (0, 3, 1)$　　　$S_6 = (0, 2, 1)$　　　$S_7 = (0, 1, 1)$

$S_8 = (3, 2, 0)$　　　$S_9 = (3, 1, 0)$　　　$S_{10} = (3, 0, 0)$　　　$S_{11} = (2, 2, 0)$

$S_{12} = (1, 1, 0)$　　　$S_{13} = (0, 2, 0)$　　　$S_{14} = (0, 1, 0)$　　　$S_{15} = (0, 0, 0)$

② 过河操作。

过河操作是指用船把传教士或食人族从河的左岸运到右岸，或从右岸运到左岸的动作。每个操作都应当满足如下条件：

第一，船上至少有一个人（m 或 c）操作，离开岸边的 m 和 c 的减少数目应该等于到达岸边的 m 和 c 的增加数目；

第二，每次操作船上人数不得超过 2 个；

第三，操作应保证不产生非法状态。

③ 操作的结构。

条件：只有当其条件具备时才能使用；

动作：刻画了应用此操作所产生的结果。

④ 操作的表示。

L_{ij}：表示有 i 个传教士和 j 个食人族，从左岸到右岸的操作；

R_{ij}：表示有 i 个传教士和 j 个食人族，从右岸到左岸的操作。

⑤ 操作集。

本问题有 10 种操作可供选择，它们的集合称为操作集，即

$A=\{L_{01}, L_{10}, L_{11}, L_{02}, L_{20}, R_{01}, R_{10}, R_{11}, R_{02}, R_{20}\}$

⑥ 操作的例子。

下面以 L_{01} 和 R_{01} 为例来说明这些操作的条件和动作。

操作符号	条件	动作
L_{01}	$b=1, m=0$ 或 $3, c \geq 1$	$b=0, c=c'-1$
R_{01}	$b=0, m=0$ 或 $3, c \leq 2$	$b=1, c=c'+1$

3.3　盲目搜索（通用搜索）策略

盲目搜索是指在问题的求解过程中，不运用启发性知识，需要进行全方位的搜索，而没有选择最优的搜索途径。这种搜索具有盲目性，效率较低，容易出现"组合爆炸"问题。典型的盲目搜索有深度优先搜索、广度优先搜索。

这一类算法采用"固定"的搜索模式，不针对具体问题，其优点是适用性强，几乎所有问题都能通过深度优先或者宽度优先搜索来求得全局最优解，但这种算法具有盲目性，效率往往不高，容易出现"组合爆炸"问题。

在许多不太复杂的情况下，使用盲目搜索策略也能够取得很好的效果。

3.3.1　深度优先搜索

深度优先搜索（DFS），顾名思义，就是试图尽可能快地深入树中。每当搜索方法可以做出选择时，它选择最左（或最右）的分支（通常选择最左分支）。可以将图 3-7 所示的树作为 DFS 的一个例子。

遍历算法访问节点树将按照 A、B、D、E、C、F、G 的顺序多次"访问"某个节点，例如，在图 3-7 中，依次访问 A、B、D、B、E、B、A、C、F、C、G。

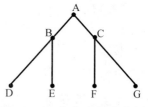

图 3-7　深度优先搜索实例

深度优先搜索的基本思想是：从初始节点 S_0 开始进行节点扩展，考察 S_0 扩展的最后 1 个子节点是否为目标节点，若不是目标节点，则对该节点进行扩展；然后再对其扩展节点中的最后 1 个子节点进行考察，若又不是目标节点，则对其进行扩展，一直如此向下扩展。当发现节点本身不能扩展时，对其 1 个兄弟节点进行扩展；如果所有的兄弟

节点都不能够扩展时，则寻找到它们的父节点，对父节点的兄弟节点进行扩展；以此类推，直到发现目标状态 S_g 为止。因此，深度优先搜索法存在搜索和回溯交替出现的现象。

DFS 采用不同的策略来达到目标：在寻找可替代路径之前，它追求寻找单一的路径来实现目标，搜索一旦进入某个分支，就将沿着该分支一直向下搜索。如果目标节点恰好在此分支上，则可较快地得到问题解。但若目标节点不在该分支上，且该分支又是一个无穷分支，就不可能得到解。所以，DFS 是不完备搜索。

DFS 内存需求合理，但是它可能会因偏离开始位置无限远而错过了相对靠近搜索起始位置的解。

3.3.2 广度优先搜索

广度优先搜索（BFS，又称宽度优先搜索）是第二种盲目搜索方法。使用 BFS，从树的顶部到树的底部，按照从左到右的方式（或从右到左，不过一般来说从左到右），可以逐层访问节点。要先访问层次 i 的所有节点，然后才能访问在 $i+1$ 层的节点。图 3-8 显示了 BFS 的遍历过程，按照以下顺序访问节点：A、B、C、D、E、F、G。

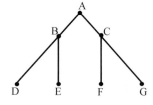

图 3-8　广度优先搜索实例

广度优先搜索的基本思想是：从初始节点 S_0 开始进行节点扩展，考察 S_0 的第 1 个子节点是否为目标节点，若不是目标节点，则对该节点进行扩展；再考察 S_0 的第 2 个子节点是否为目标节点，若不是目标节点，则对其进行扩展；对 S_0 的所有子节点全部考察并扩展以后，再分别对 S_0 的所有子节点的子节点进行考察并扩展，如此向下搜索，直到发现目标状态 S_g 为止。因此，广度优先搜索在对第 n 层的节点没有全部考察并扩展之前，不对第 $n+1$ 层的节点进行考察和扩展。

在继续前进之前，BFS 在离开始位置的指定距离处仔细查看所有替代选项。BFS 的优点是，如果一个问题存在解，那么 BFS 总是可以得到解，而且得到的解是路径最短的，所以它是完备的搜索。但是，如果在每个节点的可替代选项很多，那么 BFS 可能会因需要消耗太多的内存而变得不切实际。BFS 的盲目性较大，当目标节点离初始节点较远时，会产生许多无用节点，搜索效率低。

深度优先搜索深入探索一棵树，而广度优先搜索在进一步深入探索之前先检查靠近根的节点。一方面，因为深度优先（DFS）会坚定地沿长路径搜索，结果错过了靠近根的目标节点；另一方面，广度优先（BFS）的存储空间需求过高，很容易就被中等大小的分支因子给压垮了。这两种算法都表现出了指数级的最坏情况时间复杂度。

3.4　贪婪搜索策略

贪婪搜索策略：总是做出在当前看来最好的选择，或者采用使得当前步骤获利最大的选择，因此也叫作贪婪算法。

贪婪搜索策略不考虑整体最优，仅求取局部最优，因而也可以看作是一种"盲目"的策略。

贪婪搜索不能保证得到最优解，但搜索速度非常快，对一些特定问题很有效。

3.5　启发式搜索

3.5.1　启发式搜索的概念

1. 定　义

启发信息是指那种与具体问题求解过程有关的，并可指导搜索过程朝着最有希望方向前进的控制信息。

启发信息的启发能力越强，扩展的无用节点越少。它包括以下 3 种：

① 有效地帮助确定扩展节点的信息；

② 有效地帮助决定哪些后继节点应被生成的信息；

③ 能决定在扩展一个节点时哪些节点应从搜索树上删除的信息。

2. 估价函数

用来估计节点重要性，定义为从初始节点 S_0 出发，约束经过节点 n 到达目标节点 S_g 的所有路径中最小路径代价的估计值。一般形式为：

$$f(n) = g(n) + h(n)$$

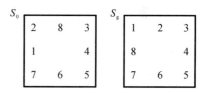

图 3-9　八数码难题

其中，$g(n)$ 是从初始节点 S_0 到节点 n 的实际代价；$h(n)$ 是从节点 n 到目标节点 S_g 的最优路径的估计代价。

例 4　八数码难题：设问题的初始状态 S_0 和目标状态 S_g 如图 3-9 所示，且估价函数为：$f(n) = d(n) + W(n)$，其中：$d(n)$ 表示节点 n 在搜索树中的深度；$W(n)$ 表示节点 n 中"不在位"的数码个数。请计算初始状态 S 的估价函数值 $f(S_0)$。

解： 即 $g(n) = d(n)$，$h(n) = W(n)$。$d(n)$ 说明用从 S_0 到 n 的路径上的单位代价表示实际代价；$W(n)$ 说明用节点 n 中"不在位"的数码个数作为启发信息。

可见，某节点中的"不在位"的数码个数越多，说明它离目标节点越远。

对初始节点 S_0，由于 $d(S_0) = 0$，$W(S_0) = 3$，因此有：$f(S_0) = 0 + 3 = 3$。

3.5.2　A 算法

在状态空间搜索中，如果每一步都利用估价函数 $f(n) = g(n) + h(n)$ 对 Open 表中的节点进行排序，则称 A 算法。它是一种启发式搜索算法。

A 算法有两种类型：

全局择优：从 Open 表的所有节点中选择一个估价函数值最小的进行扩展。

局部择优：仅从刚生成的子节点中选择一个估价函数值最小的进行扩展。

全局择优搜索 A 算法描述：

（1）把初始节点 S_0 放入 Open 表中，$f(S_0) = g(S_0) + h(S_0)$；

（2）如果 Open 表为空，则问题无解，失败退出；

（3）把 Open 表的第一个节点取出放入 Closed 表，并记该节点为 n；

（4）考察节点 n 是否为目标节点。若是，则找到了问题的解，成功退出；

（5）若节点 n 不可扩展，则转第（2）步；

（6）扩展节点 n，生成其子节点 $n_i(i=1, 2, \cdots)$，计算每一个子节点的估价值 $f(n_i)(i=1, 2, \cdots)$，并为每一个子节点设置指向父节点的指针，然后将这些子节点放入 Open 表中；

（7）根据各节点的估价函数值，对 Open 表中的全部节点按从小到大的顺序重新进行排序；

（8）转第（2）步。

例 5 八数码难题。设问题的初始状态 S_0 和目标状态 S_g 如图 3-10 所示，请用全局择优搜索解决该问题。

解：该问题的全局择优搜索树如图 3-10 所示。在该图中，每个节点旁边的数字是该节点的估价函数值。

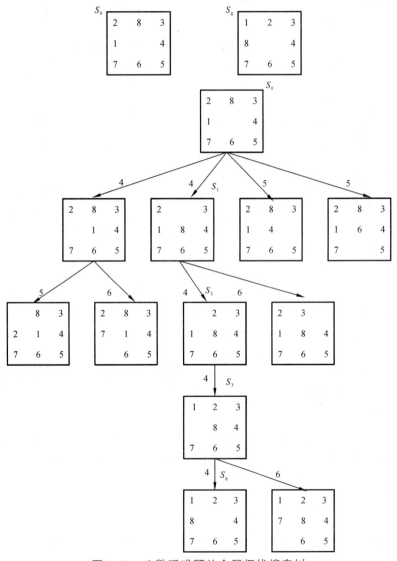

图 3-10　八数码难题的全局择优搜索树

例如，对节点 S_2，其估价函数值的计算为：$f(S_2)=d(S_2)+W(S_2)=1+3=4$。

$$f(n)=d(n)+W(n)$$

该问题的解为：

$$S_0 \rightarrow S_1 \rightarrow S_2 \rightarrow S_3 \rightarrow S_g$$

3.5.3　A*算法

A*算法是对 A 算法的估价函数 $f(n)=g(n)+h(n)$ 加上某些限制后得到的一种启发式搜索算法。

假设 $f^*(n)$ 是从初始节点 S_0 出发，约束经过节点 n 到达目标节点 S_g 的最小代价，估价函数 $f(n)$ 是对 $f^*(n)$ 的估计值，记为

$$f^*(n)=g^*(n)+h^*(n)$$

其中，$g^*(n)$ 是从 S_0 出发到达 n 的最小代价，$h^*(n)$ 是 n 到 S_g 的最小代价。

如果对 A 算法（全局择优）中的 $g(n)$ 和 $h(n)$ 分别提出如下限制：

第一，$g(n)$ 是对最小代价 $g^*(n)$ 的估计，且 $g(n)>0$；

第二，$h(n)$ 是最小代价 $h^*(n)$ 的下界，即对任意节点 n 均有 $h(n) \leqslant h^*(n)$。

则称满足上述两条限制的 A 算法为 A*算法。

3.5.4　A*算法的可纳性

可纳性的含义：

对任一状态空间图，当从初始节点到目标节点有路径存在时，如果搜索算法总能在有限步骤内找到一条从初始节点到目标节点的最佳路径，并在此路径上结束，则称该搜索算法是可采纳的。

A*算法可纳性的证明过程：

第一步，对有限图，A*算法一定能够成功结束。

第二步，对无限图，A*算法也一定能够成功结束。

第三步，A*算法一定能够结束在最佳路径上。

定理 1　对有限图，如果从初始节点 S_0 到目标节点 S_g 有路径存在，则算法 A*一定成功结束。

证明：首先证明算法必然会结束。

由于搜索图为有限图，如果算法能找到解，则成功结束；如果算法找不到解，则必然会由于 Open 表变空而结束。因此，A*算法必然会结束。

然后证明算法一定会成功结束。

由于至少存在一条由初始节点到目标节点的路径，设此路径为

$$S_0=n_0, n_1, \cdots, n_k=S_g$$

算法开始时，节点 n_0 在 Open 表中，且路径中任一节点 n_i 离开 Open 表后，其后继节点 n_{i+1} 必然进入 Open 表，这样在 Open 表变为空之前，目标节点必然出现在 Open 表中。因此，算法一定会成功结束。

引理 1 对无限图，如果从初始节点 S_0 到目标节点 S_g 有路径存在，A*算法不终止的话，则从 Open 表中选出的节点必将具有任意大的 f 值。

证明：设 $d*(n)$ 是 A*生成的从初始节点 S_0 到节点 n 的最短路径长度，由于搜索图中每条边的代价都是一个正数，令其中的最小的一个数是 e，则有

$$g*(n) \geq d*(n) \times e$$

因为 $g*(n)$ 是最佳路径的代价，故有

$$g(n) \geq g*(n) \geq d*(n) \times e$$

又因为 $h(n) \geq 0$，故有

$$f(n) = g(n) + h(n) \geq g(n) \geq d*(n) \times e$$

如果 A*算法不终止的话，从 Open 表中选出的节点必将具有任意大的 $d*(n)$ 值，因此，也将具有任意大的 f 值。

引理 2 在 A*算法终止前的任何时刻，Open 表中总存在节点 n'，它是从初始节点 S_0 到目标节点的最佳路径上的一个节点，且满足 $f(n') \leq f*(S_0)$。

证明：设从初始节点 S_0 到目标节点 t 的一条最佳路径序列为

$$S_0 = n_0, n_1, \cdots, n_k = S_g$$

算法开始时，节点 S_0 在 Open 表中，当节点 S_0 离开 Open 表进入 Closed 表时，节点 n_1 进入 Open 表。因此，A*没有结束以前，在 Open 表中必存在最佳路径上的节点。设这些节点中排在最前面的节点为 n'，则有

$$f(n') = g(n') + h(n')$$

由于 n' 在最佳路径上，故有 $g(n') = g*(n')$，从而

$$f(n') = g*(n') + h(n')$$

又由于 A*算法满足 $h(n') \leq h*(n')$，故有

$$f(n') \leq g*(n') + h*(n') = f*(n')$$

因为在最佳路径上的所有节点的 f*值都应相等，因此有

$$f(n') \leq f*(S_0)$$

定理 2 对无限图，若从初始节点 S_0 到目标节点 S_g 有路径存在，则 A*算法必然会结束。

证明：（反证法）假设 A*不结束，由本节引理 1 知 Open 表中的节点有任意大的 f 值，这与引理 2 的结论相矛盾，因此，A*算法只能成功结束。

可得：Open 表中任一具有 $f(n)<f^*(S_0)$ 的节点 n，最终都被 A*算法选作为扩展的节点。

定理 3 A*算法是可采纳的，即若存在从初始节点 S_0 到目标节点 S_g 的路径，则 A*算法必能结束在最佳路径上。

证明：证明过程分以下两步进行：

先证明 A*算法一定能够终止在某个目标节点上。

由本节定理 1 和定理 2 可知，无论是对有限图还是无限图，A*算法都能够找到某个目标节点而结束。

再证明 A*算法只能终止在最佳路径上（反证法）。

假设 A*算法未能终止在最佳路径上，而是终止在某个目标节点 t 处，则有

$$f(t)=g(t)>f^*(S_0)$$

但由引理 2 可知，在 A*算法结束前，必有最佳路径上的一个节点 n' 在 Open 表中，且有

$$f(n')\leq f^*(S_0)<f(t)$$

这时，A*算法一定会选择 n' 来扩展，而不可能选择 t，从而也不会去测试目标节点 t，这就与假设 A*算法终止在目标节点 t 相矛盾。因此，A*算法只能终止在最佳路径上。

可得：在 A*算法中，对任何被扩展的节点 n，都有 $f(n)\leq f^*(S_0)$。

证明：令 n 是由 A*选作扩展的任一节点，因此 n 不会是目标节点，且搜索没有结束。由引理 2 可知，在 Open 表中有满足 $f(n')\leq f^*(S_0)$ 的节点 n'。若 $n=n'$，则有 $f(n)\leq f^*(S_0)$；否则，选择 n 扩展，必有

$$f(n)\leq f(n')$$

所以有

$$f(n)\leq f^*(S_0)$$

3.5.5 A*算法的最优性

A*算法的搜索效率很大程度上取决于启发函数 $h(n)$。一般来说，在满足 $h(n)\leq h^*(n)$ 的前提下，$h(n)$ 的值越大越好。$h(n)$ 的值越大，说明它携带的启发性信息越多，A*算法搜索时扩展的节点就越少，搜索效率就越高。A*算法的这一特性被称为最优性。

下面通过一个定理来描述这一特性。

定理 4 设有两个 A*算法 A_1^* 和 A_2^*，它们有

$$A_1^*: f_1(n)=g_1(n)+h_1(n)$$
$$A_2^*: f_2(n)=g_2(n)+h_2(n)$$

如果 A_2^* 比 A_1^* 有更多的启发性信息，即对所有非目标节点均有

$$h_2(n) > h_1(n)$$

则在搜索过程中，被 A_2^* 扩展的节点也必然被 A_1^* 扩展，即 A_1^* 扩展的节点不会比 A_2^* 扩展的节点少，亦即 A_2^* 扩展的节点集是 A_1^* 扩展的节点集的子集。

证明（用数学归纳法）：

（1）对深度 $d(n)=0$ 的节点，即 n 为初始节点 S_0，如 n 为目标节点，则 A_1^* 和 A_2^* 都不扩展 n；如果 n 不是目标节点，则 A_1^* 和 A_2^* 都要扩展 n。

（2）假设对 A_2^* 中 $d(n)=k$ 的任意节点 n 结论成立，即 A_1^* 也扩展了这些节点。

（3）证明 A_2^* 中 $d(n)=k+1$ 的任意节点 n，也要由 A_1^* 扩展（用反证法）。

假设 A_2 搜索树上有一个满足 $d(n)=k+1$ 的节点 n，A_2^* 扩展了该节点，但 A_1^* 没有扩展它。根据第（2）条的假设，知道 A_1^* 扩展了节点 n 的父节点。因此，n 必定在 A_1^* 的 Open 表中。既然节点 n 没有被 A_1^* 扩展，则有

$$f_1(n) \geqslant f^*(S_0)$$

即 $g_1(n)+h_1(n) \geqslant f^*(S_0)$。但由于 $d=k$ 时，A_2^* 扩展的节点 A_1^* 也一定扩展，故有

$$g_1(n) \leqslant g_2(n)$$

因此有 $h_1(n) \geqslant f^*(S_0) - g_2(n)$

另一方面，由于 A_2^* 扩展了 n，因此有

$$f_2(n) \leqslant f^*(0)$$

即 $g_2(n)+h_2(n) \leqslant f^*(S_0)$

亦即 $h_2(n) \leqslant f^*(S_0) - g_2(n)$，所以有 $h_1(n) \geqslant h_2(n)$

这与我们最初假设的 $h_1(n) < h_2(n)$ 矛盾，因此反证法的假设不成立。

3.5.6　$h(n)$ 的单调限制

在 A*算法中，每当扩展一个节点 n 时，都需要检查其子节点是否已在 Open 表或 Closed 表中。

对已在 Open 表中的子节点，需要决定是否调整指向其父节点的指针。

对已在 Closed 表中的子节点，除需要决定是否调整其指向父节点的指针外，还需要决定是否调整其子节点的后继节点的父指针。

如果能够保证，每当扩展一个节点时就已经找到了通往这个节点的最佳路径，就没有必要再去做上述检查。

为满足这一要求，我们需要对启发函数 $h(n)$ 增加单调性限制。

定义 1　如果启发函数满足以下两个条件：

（1）$h(S_g)=0$；

（2）对任意节点 n_i 及其任一子节点 n_j，都有

$$0 \leqslant h(n_i) - h(n_j) \leqslant c(n_i, n_j)$$

其中 $c(n_i, n_j)$ 是 n_i 到其子节点 n_j 的边代价，则称 $h(n)$ 满足单调限制。

定理 5　如果 h 满足单调条件，则当 A* 算法扩展节点 n 时，该节点就已经找到了通往它的最佳路径，即 $g(n)=g^*(n)$。

证明：设 A* 正要扩展节点 n，而节点序列

$$S_0=n_0, n_1, \cdots, n_k=n$$

是由初始节点 S_0 到节点 n 的最佳路径。其中，n_i 是这个序列中最后一个位于 Closed 表中的节点，则上述节点序列中的 n_{i+1} 节点必定在 Open 表中，则有

$$g^*(n_i)+h(n_i) \leqslant g^*(n_i)+c(n_i, n_{i+1})+h(n_{i+1})$$

由于节点 n_i 和 n_{i+1} 都在最佳路径上，故有

$$g^*(n_{i+1})=g^*(n_i)+c(n_i, n_{i+1})$$

所以

$$g^*(n_i)+h(n_i) \leqslant g^*(n_{i+1})+h(n_{i+1})$$

一直推导下去可得

$$g^*(n_{i+1})+h(n_{i+1}) \leqslant g^*(n_k)+h(n_k)$$

由于节点 n_{i+1} 在最佳路径上，故有

$$f(n_{i+1}) \leqslant g^*(n)+h(n)$$

因为这时 A* 扩展节点 n 而不扩展节点 n_{i+1}，则有

$$f(n)=g(n)+h(n) \leqslant f(n_{i+1}) \leqslant g^*(n)+h(n)$$

即　　　$g(n) \leqslant g^*(n)$

但是 $g^*(n)$ 是最小代价值，应当有

$$g(n) \geqslant g^*(n)$$

所以有

$$g(n)=g^*(n)$$

定理 6　如果 $h(n)$ 满足单调限制，则 A* 算法扩展的节点序列的 f 值是非递减的，即 $f(n_i) \leqslant f(n_{i+1})$。

证明：假设节点 n_{i+1} 在节点 n_i 之后立即扩展，由单调限制条件可知

$$h(n_i) - h(n_{i+1}) \leqslant c(n_i, n_{i+1})$$

即 $f(n_i) - g(n_i) - f(n_{i+1}) + g(n_{i+1}) \leqslant c(n_i, n_{i+1})$

亦即 $f(n_i) - g(n_i) - f(n_{i+1}) + g(n_i) + c(n_i, n_{i+1}) \leqslant c(n_i, n_{i+1})$

所以 $f(n_i) - f(n_{i+1}) \leqslant 0$

即 $f(n_i) \leqslant f(n_{i+1})$

以上两个定理都是在 $h(n)$ 满足单调性限制的前提下才成立的。如果 $h(n)$ 不满足单调性限制，则它们不一定成立。

在 $h(n)$ 满足单调性限制下的 A*算法常被称为改进的 A*算法。

例6 八数码难题，如图 3-11 所示。

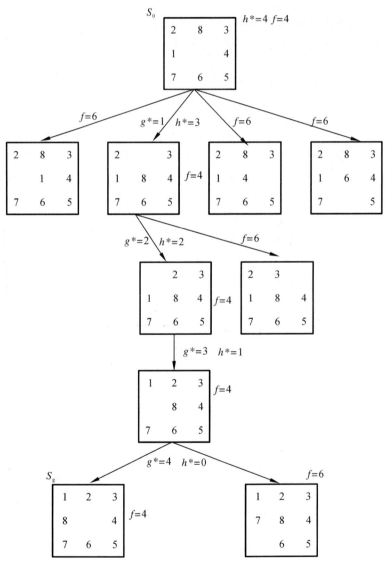

图 3-11 八数码难题 $h(n)=P(n)$ 的搜索树

$$f(n)=d(n)+P(n)$$

$d(n)$：深度

$P(n)$：与目标距离

显然满足

$$P(n)\leqslant h^*(n)$$

即 $f^*=g^*+h^*$

3.6　与/或树的启发式搜索过程

算法描述：与/或树的启发式搜索过程如下：

（1）把初始节点 S_0 放入 Open 表中，计算 $h(S_0)$；

（2）计算希望树 T；

（3）依次在 Open 表中取出 T 的端节点放入 Closed 表，并记该节点为 n；

（4）如果节点 n 为终止节点，则做下列工作：

① 标记节点 n 为可解节点；

② 在 T 上应用可解标记过程，对 n 的先辈节点中的所有可解节点进行标记；

③ 如果初始解节点 S_0 能够被标记为可解节点，则 T 就是最优解树，成功退出；

④ 否则，从 Open 表中删去具有可解先辈的所有节点；

⑤ 转第（2）步。

（5）如果节点 n 不是终止节点，但可扩展，则做下列工作：

① 扩展节点 n，生成 n 的所有子节点；

② 把这些子节点都放入 Open 表中，并为每一个子节点设置指向父节点 n 的指针；

③ 计算这些子节点及其先辈节点的 h 值；

④ 转第（2）步。

（6）如果节点 n 不是终止节点，且不可扩展，则做下列工作：

① 标记节点 n 为不可解节点；

② 在 T 上应用不可解标记过程，对 n 的先辈节点中的所有不可解节点进行标记；

③ 如果初始节点 S_0 能够被标记为不可解，则问题无解，失败退出；

④ 否则，从 Open 表中删去具有不可解先辈的所有节点；

⑤ 转第（2）步。

例 7　要求搜索过程每次扩展节点时都同时扩展两层，且按一层或节点、一层与节点的间隔方式进行扩展。它实际上就是下一节将要讨论的博弈树的结构。

解：设初始节点为 S_0，对 S_0 扩展后得到的与/或树如图 3-12 所示。其中，端节点 B、C、E、F 下面的数字是用启发函数估算出的 h 值，节点 S_0、A、D 旁边的数字是按和代价法计算出来的节点代价。

此时，S_0 的右子树是当前的希望树。

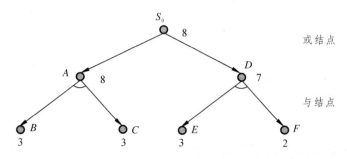

图 3-12 扩展 S_0 后得到的与/或树

按和代价法：

例：节点 S_0 的值=3+1+2+1+1=8。

扩展节点 E，得到如图 3-13 所示的与/或树。

此时，由右子树求出的 $h(S_0)=12$。但是，由左子树求出的 $h(S_0)=9$。显然，左子树的代价小。因此，当前的希望树应改为左子树。

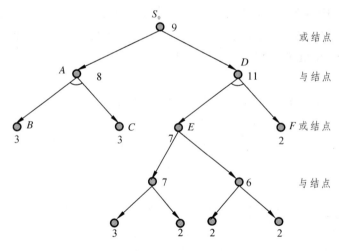

图 3-13 扩展节点 E 后得到的与/或树

对节点 B 进行扩展，扩展两层后得到的与/或树如图 3-14 所示。由于节点 H 和 I 是可解节点，故调用可解标记过程，得节点 G、B 也为可解节点，但不能标记 S_0 为可解节点，须继续扩展。当前的希望树仍然是左子树。

对节点 C 进行扩展，扩展两层后得到的与/或树如图 3-15 所示。由于节点 N 和 P 是可解节点，故调用可解标记过程，得节点 M、C、A 也为可解节点，进而可标记 S_0 为可解节点，这就得到了代价最小的解树。

按和代价法，该最优解的代价为 9。

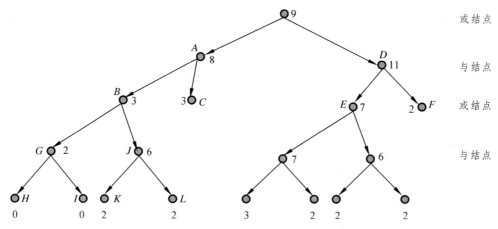

图 3-14　扩展节点 B 后得到的与/或树

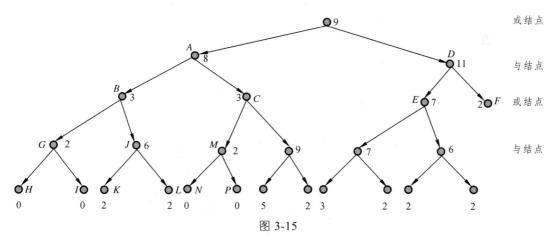

图 3-15

课后习题

一、选择题

1. 盲目搜索通常是按预定的搜索策略进行搜索，常用的盲目搜索有（　　　）两种。

　　A. 连续搜索和重复搜索

　　B. 上下搜索和超链接搜索

　　C. 广度优先搜索和深度优先搜索

　　D. 多媒体搜索和 AI 搜索

2. 爬山法是贪婪且原始的，它可能会受到 3 个常见问题的困扰，但下列（　　　）不属于这样的问题。

　　A. 山麓问题　　　　　　　　　　B. 高原问题

　　C. 山脊问题　　　　　　　　　　D. 压缩问题

3. 回溯算法是所有搜索算法中最为基本的一种算法，它采用一种"（　　　）"思想作为其控制结构。

    A. 走不通就掉头　　　　　　　　　B. 一走到底

    C. 循环往复　　　　　　　　　　　D. 从一点出发不重复

4. 启发式搜索方法的目的是在考虑到要达到的目标状态情况下，（　　　）节点数目。

    A. 极大地增加　　　　　　　　　　B. 极大地减少

    C. 稳定已有的　　　　　　　　　　D. 无须任何

5. 遗传算法的遗传操作不包括（　　　）。

    A. 同步　　　　　　B. 选择　　　　　　C. 变异　　　　　　D. 交叉

二、简答题

1. 什么是搜索？

2. 代价树如图 3-16 所示，其中，F、I、J、L 是目标节点，分别写出广度优先搜索和深度优先搜索的搜索过程。

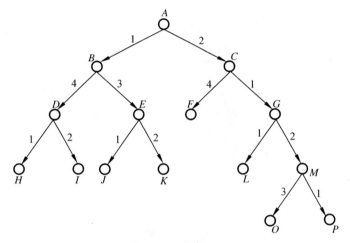

图 3-16　代价树

第 4 章　推理技术

前面讨论了一些简单搜索的基本原理，包括某些推理规则以及置换合一等概念。但对于许多比较复杂的系统和问题，如果采用前面讨论过的搜索方法，那么很难甚至无法使问题得以解决。因此，需要应用一些更先进的推理技术和系统来求解这种比较复杂的问题。

4.1　推理的基本概念

人工智能是用计算机来模拟人的智能，就是用能在计算机上实现的技术和方法来模拟人的思维规律和过程。

（1）在确定知识表达方法后，就可以把知识表示出来并存储到计算机中。

（2）然后利用知识进行推理以求得问题的解。

利用知识进行推理是知识利用的基础。各种人工智能应用领域如专家系统、智能机器人、模式识别、自然语言理解等都是利用知识进行广义问题求解的智能系统。

4.1.1　推理的定义

推理是人类求解问题的主要思维方法。所谓推理，就是按照某种策略从已有事实和知识推出结论的过程。

从初始证据出发，按某种策略不断应用知识库中的已知知识，逐步推出结论的过程称为推理。

在人工智能系统中，推理是由程序实现的，称为推理机，已知事实和知识是构成推理的两个基本要素。

事实又称为证据，用以指出推理的出发点及推理时应该使用的知识。知识是使推理得以向前推进，并逐步达到最终目标的依据。

人类的智能活动有多种思维方式，人工智能作为对人类智能的模拟，相应地也有多种推理方式。

4.1.2 推理方式及其分类

（1）按推出结论的途径来划分，推理可分为：

① 演绎推理（deductive reasoning）：是从全称判断推导出单称判断的过程，即由一般性知识推出适合某一具体情况的结论。一般到个别。

② 归纳推理（inductive reasoning）：是从足够多的事例中归纳出一般性结论的推理过程。个别到一般。

③ 默认推理（default reasoning）：是在知识不完全的情况下假设某些条件已经具备所进行的推理。

（2）按推理时所用的知识的确定性来划分，推理可分为：

① 确定性推理：是指推理时所用的知识与证据都是确定的，退出的结论也是确定的，其真值或者为真或者为假，没有第三种情况出现。

② 不确定性推理：是指推理时所用的知识与证据不都是确定的，推出的结论也是不确定的。

（3）按推理过程中推出的结论是否越来越接近最终目标来划分，推理可分为：

① 单调推理：是指在推理过程中随着推理向前推进及新知识的加入，推出的结论越来越接近最终目标。

② 非单调推理：是指在推理过程中由于新知识的加入，不仅没有加强已推出的结论，反而要否定它，使推理退回到前面的某一步，然后重新开始。

（4）按推理中是否运用与推理有关的启发性知识来划分，推理可分为：

① 启发性推理：是指在推理过程中运用与推理有关的启发性知识。

② 非启发性推理：是指在推理过程中未运用与推理有关的启发性知识。

4.1.3 推理的方向

1. 正向推理

正向推理是以事实作为出发点的一种推理。

基本思想：从用户提供的初始已知事实出发，在知识库 KB 中找出当前可适用的知识，构成可适用知识集 KS，然后按某种冲突消解策略从 KS 中选出一条知识进行推理，并将推出的新事实加入数据库中作为下一步推理的已知事实，此后再在 KB 中选取可适用的知识进行推理。如此重复这一过程，直到求出了问题的解或者知识库中再无可适用的知识为止。

2. 逆向推理

逆向推理是以某个假设目标为出发点的一种推理。

基本思想：首先选择一个假设目标，然后寻找支持该假设的证据，若需要的证据都能找到，则说明原假设是成立的；若无论如何都找不到所需的证据，则说明原假设不成立，为此需要另做新的假设。

3. 混合推理

正向推理具有盲目、效率低等缺点，推理过程中可能会推出许多与问题无关的子目标。逆向推理中，若提出的假设目标不符合实际，也会降低系统效率。可以把正向推理与逆向推理结合起来，使其各自发挥自己的优势，取长补短。这种既有正向推理又有逆向推理称为混合推理。

4. 双向推理

双向推理是指正向推理与逆向推理同时进行，且在推理过程中的某一步骤上"碰头"的一种推理。

基本思想：一方面根据已知事实进行正向推理，但并不推倒最终目标；另一方面从某假设目标出发进行逆向推理，但不推至原始事实，而是让它们在中途相遇，即由正向推理所得到的中间结论恰好是逆向推理此时所需求的证据，这时推理就可以结束，逆向推理时所做的假设就是推理的最终结论。

4.1.4　冲突消解策略

系统将当前已知事实与 KB 中知识匹配的三种情况：

（1）已知事实恰好只与 KB 中的一个知识匹配成功。

（2）已知事实不能与 KB 中的任何知识匹配成功。

（3）已知事实可与 KB 中的多个知识匹配成功；或者多个（组）事实都可与 KB 中的某一个知识匹配成功；或者多个（组）事实都可与 KB 中的多个知识匹配成功；第 3 种情况称为发生了冲突。

消解冲突的基本思想：对知识进行排序。

（1）按针对性排序：优先选择针对性强的知识（规则），即要求条件多的规则。

（2）按已知事实的新鲜性排序：后生成的事实具有较大的新鲜性。

（3）按匹配度排序：在不确定推理中，需要计算已知事实与知识的匹配度。

（4）按条件个数排序：优先应用条件少的产生式规则。

4.2　消解原理

4.2.1　子句集的求取

消解原理是针对谓词逻辑知识表示的问题求解方法。

1. 消解原理的基础知识

（1）谓词公式、某些推理规则以及置换合一等概念。

（2）子句：由文字的析取组成的公式（一个原子公式和原子公式的否定都叫作文字）。

（3）消解：当消解可使用时，消解过程被应用于母体子句对，以便产生一个导出子句。例如，如果存在某个公理 $E1 \lor E2$ 和另一公理 $\sim E2 \lor E3$，那么 $E1 \lor E3$ 在逻辑上成立。这就是消解，而称 $E1 \lor E3$ 为 $E1 \lor E2$ 和 $\sim E2 \lor E3$ 的消解式。

2. 步　骤

（1）消去蕴涵符号。

只应用 ∨ 和 ~ 符号，以 ~A∨B 替换 A→B。

$[（A→B）B]∨C$

$→[~（A→B）∨B]∨C$

$→[~（~A∨B）∨B]∨C$

$→[（A∧~B）∨B]∨C$

$→[（A∨B）∧（~B∨B）]∨C$

$→[（A∨B）]∨C$

（2）减少否定符号的辖域。

每个否定符号 ~ 最多只用到一个谓词符号上，并反复应用狄·摩根定律。

例如：

以 ~A∨~B 代替 ~（A∧B）

以 ~A∧~B 代替 ~（A∨B）

以 A 代替 ~（~A）

以（∃x）{~A}代替 ~（∀x）A

以（∀x）{~A}代替 ~（∃x）A

（3）对变量标准化。

在任一量词辖域内，受该量词约束的变量为一哑元（虚构变量），它可以在该辖域内处处统一地被另一个没有出现过的任意变量所代替，而不改变公式的真值。合适公式中变量的标准化意味着对哑元改名以保证每个量词有其自己唯一的哑元。例如，对

$(∀x)\{P(x)→(∃x)Q(x)\}$

标准化可得：

$(∀x)\{P(x)→(∃y)Q(y)\}$

（4）消去存在量词。

Skolem 函数：$(∀y)[(∃x)P(x，y)]$ 中，存在量词是在全称量词的辖域内，允许所存在的 x 可能依赖于 y 值。令这种依赖关系明显地由函数 $g(y)$ 所定义，它把每个 y 值映射到存在的那个 x，这种函数叫作 Skolem 函数。

如果用 Skolem 函数代替存在的 x，就可以消去全部存在量词，并写成：

$(∀y)P(g(y)，y)$

从一个公式消去一个存在量词的一般规则是以一个 Skolem 函数代替每个出现的存在量词的量化变量，而这个 Skolem 函数的变量就是由那些全称量词所约束的全称量词量化变量，这些全称量词的辖域包括要被消去的存在量词的辖域在内。Skolem 函数所使用的函数符号必须是新的，即不允许是公式中已经出现过的函数符号。

如果要消去的存在量词不在任何一个全称量词的辖域内，则用不含变量的 Skolem 函数即常量。例如，$(∃x)P(x)$ 化为 $P(A)$，其中常量符号 A 用来表示人们知道的存在实体。A 必须是个新的常量符号，它未曾在公式中其他地方使用过。

（5）化为前束形。

把所有全称量词移到公式的左边，并使每个量词的辖域包括这个量词后面公式的整个部分，所得公式称为前束形。

前束形=（前缀）　　　　（母式）

全称量词串　　无量词公式

（6）把母式化为合取范式。

任何母式都可写成由一些谓词公式和（或）谓词公式的否定的析取的有限集组成的合取。这种母式叫作合取范式。如：$A \lor \{B \land C\}$ 化为 $\{A \lor B\} \land \{B \lor C\}$。

（7）消去全称量词。

消去明显出现的全称量词。

（8）消去连词符号 $\land$。

用 $\{A，B\}$ 代替 $(A \land B)$，以消去明显的符号 $\land$。反复代替的结果，最后得到一个有限集，其中每个公式是文字的析取。

任一个只由文字的析取构成的合适公式叫作一个子句。

（9）更换变量名称。

可以更换变量符号的名称，使一个变量符号不出现在一个以上的子句中。

4.2.2　消解推理规则

令 L_1 为任一原子公式，L_2 为另一原子公式；L_1 和 L_2 具有相同的谓词符号，但一般具有不同的变量。已知两子句 $L_1 \lor \alpha$ 和 $\sim L_2 \lor \beta$，如果 L_1 和 L_2 具有最一般合一者 σ，那么通过消解可以从这两个父辈子句推导出一个新子句 $(\alpha \lor \beta)\sigma$，这个新子句叫作消解式。它是由取这两个子句的析取，然后消去互补对而得到的。

常用消解规则：

（1）假言推理。

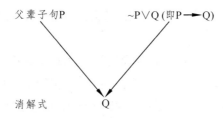

（2）合并。

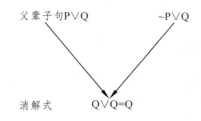

（3）重言式。

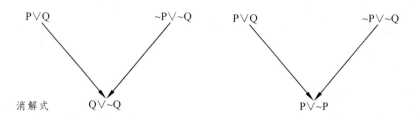

（4）空子句（矛盾）。

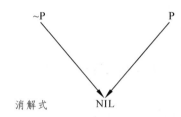

（5）链式（三段论）。

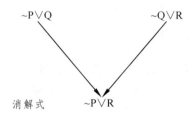

4.3 规则演绎系统

规则演绎系统的定义，基于规则的问题求解系统运用下述规则来建立：

if→then，其中，if 部分可能由几个 if 组成，而 then 部分可能由一个或一个以上的 then 组成。

在所有基于规则系统中，每个 if 可能与某断言（assertion）集中的一个或多个断言匹配。有时把该断言集称为工作内存。在许多基于规则系统中，then 部分用于规定放入工作内存的新断言。这种基于规则的系统叫作规则演绎系统（rule-based deduction system）。在这种系统中，通常称每个 if 部分为前项（antecedent），称每个 then 部分为后项（consequent）。

4.3.1 正向规则演绎系统

正向规则演绎系统是从事实到目标进行操作的，即从状况条件到动作进行推理的，也就是从 if 到 then 的方向进行推理的。

事实表达式的与或形变换：把事实表示为非蕴涵形式的与或形，作为系统的总数据库；具体变换步骤与前述化为子句形类似。

注意：我们不想把这些事实化为子句形，而是把它们表示为谓词演算公式，并把这些公式变换叫作与或形的非蕴涵形式。

4.3.2　逆向规则演绎系统

基于规则的逆向演绎系统，其操作过程与正向演绎系统相反，即为从目标到事实的操作过程，从 then 到 if 的推理过程。

逆向推理过程：

（1）目标表达式的与或形式。

逆向演绎系统能够处理任意形式的目标表达式。采用与变换事实表达式同样的过程，把目标公式化成与或形。

（2）与或图的 B 规则变换。

B 规则是建立在确定的蕴涵式基础上的，正如正向系统的 F 规则一样。不过，我们现在把这些 B 规则限制为 W→L 形式的表达式。其中，W 为任一与或形公式，L 为文字，而且蕴涵式中任何变量的量词辖域为整个蕴涵式。

（3）作为终止条件的事实节点的一致解图。

逆向系统成功的终止条件是与或图包含有某个终止在事实节点上的一致解图。

4.3.3　双向规则演绎系统

（1）基于规则的正向演绎系统和逆向演绎系统的特点和局限性：

正向演绎系统能够处理任意形式的 if 表达式，但被限制在 then 表达式为由文字析取组成的一些表达式。逆向演绎系统能够处理任意形式的 then 表达式，但被限制在 if 表达式为文字合取组成的一些表达式。双向（正向和逆向）组合演绎系统具有正向和逆向两系统的优点，克服各自的缺点。

（2）双向（正向和逆向）组合演绎系统的构成：

正向和逆向组合系统是建立在两个系统相结合的基础上的。此组合系统的总数据库由表示目标和表示事实的两个与或图结构组成，并分别用 F 规则和 B 规则来修正。

（3）终止条件：

组合演绎系统的主要复杂之处在于其终止条件，终止涉及两个图结构之间的适当交接处。当用 F 规则和 B 规则对图进行扩展之后，匹配就可以出现在任何文字节点上。

在完成两个图间的所有可能匹配之后，目标图中根节点上的表达式是否已经根据事实图中根节点上的表达式和规则得到证明的问题仍然需要判定。只有当求得这样的一个证明时，证明过程才算成功地终止。若能够断定在给定方法限度内找不到证明时过程则以失败告终。

4.4　产生式系统

在基于规则系统中，每个 if 可能与某断言（assertion）集中的一个或多个断言匹配，then 部分用于规定放入工作内存的新断言。当 then 部分用于规定动作时，称这种基于规则的系统为反应式系统（reaction system）或产生式系统（production system）。

产生式系统由 3 个部分组成，即总数据库（或全局数据库）、产生式规则和控制策略，如图 4-1 所示。

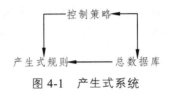

图 4-1　产生式系统

总数据库有时也被称作上下文、当前数据库或暂时存储器。总数据库是产生式规则的注意中心。产生式规则的左边表示在启用这一规则之前总数据库内必须准备好的条件。

例如，我们有一个动物分类数据库（规则集）：

r1：若某动物有奶，则它是哺乳动物。

r2：若某动物有毛发，则它是哺乳动物。

r3：若某动物有羽毛，则它是鸟。

r4：若某动物会飞且生蛋，则它是鸟。

r5：若某动物是哺乳动物且有爪且有犬齿且目盯前方，则它是食肉动物。

r6：若某动物是哺乳动物且吃肉，则它是食肉动物。

r7：若某动物是哺乳动物且有蹄，则它是有蹄动物。

r8：若某动物是有蹄动物且反刍食物，则它是偶蹄动物。

r9：若某动物是食肉动物且黄褐色且有黑色条纹，则它是老虎。

r10：若某动物是食肉动物且黄褐色且有黑色斑点，则它是金钱豹。

r11：若某动物是有蹄动物且长腿且长脖子且黄褐色且有暗斑点，则它是长颈鹿。

r12：若某动物是有蹄动物且白色且有黑色条纹，则它是斑马。

r13：若某动物是鸟且不会飞且长腿且长脖子且黑白色，则它是驼鸟。

r14：若某动物是鸟且不会飞且会游泳且黑白色，则它是企鹅。

r15：若某动物是鸟且善飞且不怕风浪，则它是海燕。

例如在上述例子中，在得出该动物是食肉动物的结论之前，必须在总数据库中存有"该动物是哺乳动物"和"该动物吃肉"这两个事实。执行产生式规则的操作会引起总数据库的变化，这就使其他产生式规则的条件可能被满足。

产生式规则是一个规则库，用于存放与求解问题有关的某个领域知识的规则之集合及其交换规则。规则库知识的完整性、一致性、准确性、灵活性和知识组织的合理性，将对产生式系统的运行效率和工作性能产生重要影响。

控制策略为一推理机构，由一组程序组成，用来控制产生式系统的运行，决定问题求解过程的推理线路，实现对问题的求解。产生式系统的控制策略随搜索方式的不同可分为可撤回策略、回溯策略、图搜索策略等。

控制策略的作用是说明下一步应该选用什么规则，也就是如何应用规则。通常从选择规则到执行操作分 3 步：匹配、冲突解决和操作。

（1）匹配。

在这一步，把当前数据库与规则的条件部分相匹配。如果两者完全匹配，则把这条规则称为触发规则。当按规则的操作部分去执行时，称这条规则为启用规则。被触发的规则不一定总是启用规则，因为可能同时有几条规则的条件部分被满足，这就要在解决冲突步骤中来解决这个问题。在复杂的情况下，在数据库和规则的条件部分之间可能要进行近似匹配。

（2）冲突解决。

当有一条以上规则的条件部分和当前数据库相匹配时，就需要决定首先使用哪一条规则，这称为冲突解决。

（3）操作。

操作就是执行规则的操作部分，经过操作以后，当前数据库将被修改。然后，其他的规则有可能被使用。

4.5　定性推理

1. 定性推理概述

动因：

（1）不是任何问题都可以用精确的数学或符号化方法对其建模。

（2）建模代价高，或效果不理想。

（3）人类解决问题：抓住主要参数。

人类针对物理系统的问题求解，基本上是通过定性分析方法完成。

定性推理（qualitative reasoning）：从物理系统（包括自然系统和人造系统）的结构描述出发，以定性方法研究系统的结构、行为、功能以及它们之间的因果关系等，目的是预测系统的行为并给出合理的解释。

1952 年 Simmons 提出定性分析的因果关系。

1977 年 Rieger 发表了第一篇关于因果仿真的定性推理；1984 年，《Artificial Intelligence》杂志第 24 卷出版了定性推理专辑，刊载了 de Kleer，Forbus 和 Kuipers 对定性推理奠基性的文章，这标志着定性推理开始走向成熟。

1986 年，Iwasaki 和 Simmons 发表了 "Causality in Device Behavior" 的文章。

1991 年,《Artificial Intelligence》杂志第 59 卷又发表了一组文章,回顾十年前这几位定性推理奠基人所做的工作。

2. 定性推理的优势

(1)符合人类的常识推理,可实现对不完备、不一致、不精确知识的推理,如常识推理。

(2)降低问题求解的代价,提高求解问题的效率。不需要问题的精确解,只需了解问题的定性结果。

4.6 不确定性推理关于证据的不确定性

1. 不确定性的表示和处理

(1)不确定性的表示。

一般通过对事实赋予一个介于 0 和 1 之间的系数来表示事实的不确定性。1 代表完全确定,0 代表完全不确定。这个系数被称为置信度。

(2)不确定性的处理。

当规则具有一个以上的条件时,就需要根据各条件的置信度来求得总条件部分的置信度。已有的方法有两类:

① 以模糊集理论为基础的方法。

按这种方法,把所有条件中最小的置信度作为总条件的置信度。这种方法类似于当把几根绳子连接起来使用时,总的绳子强度与强度最差的绳子相同。

② 以概率为基础的方法。

这种方法同样赋予每个证据以置信度。但当把单独条件的置信度结合起来求取总的置信度时,它取决于各置信度的乘积。

2. 关于结论的不确定性

(1)不确定性的表示。

关于结论的不确定性也叫作规则的不确定性,它表示当规则的条件被完全满足时,产生某种结论的不确定程度。它也是以赋予规则在 0 和 1 之间的系数的方法来表示的。

(2)不确定性的处理。

如果规则的条件部分不完全确定,即置信度不为 1 时,如何求得结论的可信度的方法有以下两种:

① 取结论置信度为条件可信度与置信系数的乘积。

② 按照某种概率论的解释,我们假设规则的条件部分的置信度 Confidence in 和其结论部分的置信度 Confidence out 存在某种关系,这种关系可用来代表规则的不确定性。

例:

规则:如果今天闷热,那么明天会下雨   0.9

证据:星期六闷热   0.8

4.7　非单调推理

单调推理：已知为真的命题数目随时间而严格增加。

非单调推理：随着时间的推移，新证据会否认原来推出的结论，原先为真的命题数目可能会减少。

优点：

（1）当加入一个命题时，不必检查新命题与原有知识间的不相容性。

（2）对每一个已被证明了的命题，不必保留一个命题表。它的证明以该命题表中的命题为根据，因为不存在哪些命题被取消的危险。

现实问题领域的三类情况：不完全信息、不断变化的情况以及求解复杂问题过程中生成的假设。

课后习题

一、选择题

1.【多选题】按推出结论的途径分类，推理分为（　　　　）。

　　A. 演绎推理　　　　　　　　　　B. 归纳推理

　　C. 默认推理　　　　　　　　　　D. 双向推理

2.【单选题】（A→B）∧A⇒B 是（　　　　）。

　　A. 假言三段论　　　　　　　　　B. 析取三段论

　　C. 假言推理　　　　　　　　　　D. 拒取式

二、填空题

1. _____是针对谓词逻辑知识表示的问题求解方法。

2. _____是指在推理过程中随着推理向前推进及新知识的加入，推出的结论越来越接近最终目标。

三、简答题

演绎推理与归纳推理的区别是什么？

第 5 章　专家系统

5.1　专家系统的定义和分类

专家系统是人工智能中最重要的也是最活跃的一个应用领域，它实现了人工智能从理论研究走向实际应用、从一般推理策略探讨转向运用专门知识的重大突破。专家系统是早期人工智能的一个重要分支，它可以看作是一类具有专门知识和经验的计算机智能程序系统，一般采用人工智能中的知识表示和知识推理技术来模拟通常由领域专家才能解决的复杂问题。

5.1.1　专家系统的定义和特点

专家系统是一个智能计算机程序系统，其内部含有大量的某个领域专家水平的知识与经验，它能够应用人工智能技术和计算机技术，根据系统中的知识与经验，进行推理和判断，模拟人类专家的决策过程，以便解决那些需要人类专家处理的复杂问题。简而言之，专家系统是一种模拟人类专家解决领域问题的计算机程序系统。

专家系统属于人工智能的一个发展分支，自 1968 年费根鲍姆等人研制成功第一个专家系统以来，专家系统获得了飞速的发展，并且运用于医疗、军事、地质勘探、教学、化工等领域，产生了巨大的经济效益和社会效益。此后，国内外专家分别研制出了一些非常有价值的专家系统。

1. 国外研制的专家系统

① MYCIN 系统（斯坦福大学）：血液感染病诊断专家系统。

② PROSPECTOR 系统（斯坦福研究所）：探矿专家系统。

③ CASNET 系统（拉特格尔大学）：用于青光眼诊断与治疗。

④ AM 系统（斯坦福大学）：模拟人类进行概括、抽象和归纳推理，发现某些数论的概念和定理。

⑤ HEARSAY 系统（卡内基-梅隆大学）：语音识别专家系统。

2. 我国研制的专家系统

① 施肥专家系统（中国科学院合肥智能机械研究所）。

② 新构造找水专家系统（南京大学）。

③ 勘探专家系统及油气资源评价专家系统（吉林大学）。

④ 服装剪裁专家系统及花布图案设计专家系统（浙江大学）。

⑤ 关幼波肝病诊断专家系统（北京中医学院）。

专家系统是一个基于知识的系统，它利用人类专家提供的专门知识，模拟人类专家的思维过程，解决对人类专家都相当困难的问题。一般来说，一个高性能的专家系统应具备如下特征：

（1）启发性。不仅能使用逻辑知识，也能使用启发性知识，它运用规范的专门知识和直觉的评判知识进行判断、推理和联想，实现问题求解。

（2）透明性。它使用户在对专家系统结构不了解的情况下，可以进行相互交往，并了解知识的内容和推理思路，系统还能回答用户的一些有关系统自身行为的问题。

（3）灵活性。专家系统的知识与推理机构的分离，使系统不断接纳新的知识，从而确保系统内知识不断增长，以满足商业和研究的需要。

5.1.2　专家系统的类型

按知识表示技术可分为：基于逻辑的专家系统、基于规则的专家系统、基于语义网络的专家系统和基于框架的专家系统。

按任务类型可分为：

1. 解释专家系统

解释专家系统的任务是通过对已知信息和数据的分析与解释，确定它们的含义。解释专家系统具有下列特点：

（1）系统处理的数据量很大，而且往往是不准确的、有错误的或不完全的。

（2）系统能够从不完全的信息中得出解释，并能对数据做出某些假设。

（3）系统的推理过程可能很复杂和很长，因而要求系统具有对自身的推理过程做出解释的能力。

作为解释专家系统的例子有语义理解、图像分析、系统监视、化学结构分析和信号解释等。例如，卫星图像（云图等）分析、集成电路分析、DENDRAL 化学结构分析、ELAS 石油测井数据分析、染色体分类、PROSPECTOR 地质勘探数据解释和丘陵找水等实用系统。

2. 预测专家系统

预测专家系统的任务是通过对过去和现在已知状况的分析，推断未来可能发生的情况。预测专家系统具有下列特点：

（1）系统处理的数据随时间变化，而且可能是不准确和不完全的。

（2）系统需要有适应时间变化的动态模型，能够从不完全和不准确的信息中得出预报，并达到快速响应的要求。

预测专家系统的例子有气象预报、军事预测、人口预测、交通预测、经济预测和谷物产量预测等。例如，恶劣气候（包括暴雨、飓风、冰雹等）预报、战场前景预测和农作物病虫害预报等专家系统。

3．诊断专家系统

诊断专家系统的任务是根据观察到的情况（数据）来推断出某个对象机能失常（即故障）的原因。诊断专家系统具有下列特点：

（1）能够了解被诊断对象或客体各组成部分的特性以及它们之间的联系。

（2）能够区分一种现象及其所掩盖的另一种现象。

（3）能够向用户提出测量的数据，并从不确切信息中得出尽可能正确的诊断。

诊断专家系统的例子特别有名，有医疗诊断、电子机械和软件故障诊断以及材料失效诊断等。用于抗生素治疗的 MYCIN、肝功能检验的 PUFF、青光眼治疗的 CASNET、内科疾病诊断的 INTERNIST-I 和血清蛋白诊断等医疗诊断专家系统，IBM 公司的计算机故障诊断系统 DART/DASD，锅炉给水系统故障检测与诊断系统，雷达故障诊断系统和太空站热力控制系统的故障检测与诊断系统等，都是国内外颇有名气的实例。

4．设计专家系统

设计专家系统的任务是根据设计要求，求出满足设计问题约束的目标配置。设计专家系统具有如下特点：

（1）善于从多方面的约束中得到符合要求的设计结果。

（2）系统需要检索较大的可能解空间。

（3）善于分析各种子问题，并处理好子问题间的相互作用。

（4）能够试验性地构造出可能设计，并易于对所得设计方案进行修改。

（5）能够使用已被证明是正确的设计来解释当前的（新的）设计。

设计专家系统涉及电路（如数字电路和集成电路）设计、土木建筑工程设计、计算机结构设计、机械产品设计和生产工艺设计等。比较有影响的专家设计系统有 VAX 计算机结构设计专家系统 R1(XCOM)、浙江大学的花布立体感图案设计和花布印染专家系统、大规模集成电路设计专家系统以及齿轮加工工艺设计专家系统等。

5．规划专家系统

规划专家系统的任务在于寻找出某个能够达到给定目标的动作序列或步骤。

规划专家系统的特点如下：

（1）所要规划的目标可能是动态的或静态的，因而需要对未来动作做出预测。

（2）所涉及的问题可能很复杂，要求系统能抓住重点，处理好各子目标间的关系和不确定的数据信息，并通过试验性动作得出可行规划。

规划专家系统可用于机器人规划、交通运输调度、工程项目论证、通信与军事指挥以及农作物施肥方案规划等。比较典型的规划专家系统的例子有军事指挥调度系统、ROPES 机器人规划专家系统、汽车和火车运行调度专家系统以及小麦和水稻施肥专家系统等。

6. 监视专家系统

监视专家系统的任务在于对系统、对象或过程的行为进行不断观察，并把观察到的行为与其应当具有的行为进行比较，一发现异常情况，发出警报。

监视专家系统具有下列特点：

（1）系统应具有快速反应能力，在造成事故之前及时发出警报。

（2）系统发出的警报要有很高的准确性。在需要发出警报时发警报，在不需要发出警报时不得轻易发警报（假警报）。

（3）系统能够随时间和条件的变化而动态地处理其输入信息。

监视专家系统可用于核电站的安全监视、防空监视与警报、国家财政的监控、传染病疫情监视及农作物病虫害监视与警报等。黏虫测报专家系统是监视专家系统的一个实例。

7. 控制专家系统

控制专家系统的任务是自适应地管理一个受控对象或客体的全面行为，使之满足预期要求。控制专家系统的特点为：

能够解释当前情况，预测未来可能发生的情况，诊断可能发生的问题及其原因，不断修正计划，并控制计划的执行。也就是说，控制专家系统具有解释预报、诊断、规划和执行等多种功能。空中交通管制、商业管理、自主机器人控制、作战管理、生产过程控制和生产质量控制等都是控制专家系统的潜在应用方面。例如，已经对海、陆、空自主车，生产线调度和产品质量控制等课题进行控制专家系统的研究。

8. 调试专家系统

调试专家系统的任务是对失灵的对象给出处理意见和方法。调试专家系统的特点是同时具有规划、设计、预报和诊断等专家系统的功能。调试专家系统可用于新产品或新系统的调试，也可用于维修站进行被修设备的调整、测量与试验。调试专家系统方面的实例还很少见。

9. 教学专家系统

教学专家系统的任务是根据学生的特点、弱点和基础知识，以最适当的教案和教学方法对学生进行教学和辅导。教学专家系统的特点为：

（1）同时具有诊断和调试等功能。

（2）具有良好的人机界面。

已经开发和应用的教学专家系统有美国麻省理工学院的 MACSYMA 符号积分与定理证明系统，我国一些大学开发的计算机程序设计语言和物理智能计算机辅助教学系统以及聋哑人语言训练专家系统等。

10. 修理专家系统

修理专家系统的任务是对发生故障的对象（系统或设备）进行处理，使其恢复正常工作。修理专家系统具有诊断、调试、计划和执行等功能。美国贝尔实验室的 ACI 电话和有线电视维护修理系统是修理专家系统的一个应用实例。

此外，还有决策专家系统和咨询专家系统等。

5.2 专家系统的结构和工作原理

5.2.1 专家系统的一般结构

专家系统的基本结构如图 5-1 所示，其中箭头方向为数据流动的方向。专家系统通常由人机交互界面、知识库、推理机、解释器、综合数据库、知识获取等 6 个部分构成。

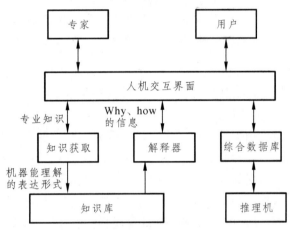

图 5-1　专家系统结构

人机交互界面是系统与用户进行交流时的界面。通过该界面，用户输入基本信息、回答系统提出的相关问题，并输出推理结果及相关的解释等。

知识获取是专家系统知识库是否优越的关键，也是专家系统设计的"瓶颈"问题，通过知识获取，可以扩充和修改知识库中的内容，也可以实现自动学习功能。

综合数据库专门用于存储推理过程中所需的原始数据、中间结果和最终结论，往往是作为暂时的存储区。

解释器能够根据用户的提问，对结论、求解过程做出说明，因而使专家系统更具有人情味。

知识库用来存放专家提供的知识。专家系统的问题求解过程是通过知识库中的知识来模拟专家的思维方式的，因此，知识库是专家系统质量是否优越的关键所在，即知识库中知识的质量和数量决定着专家系统的质量水平。一般来说，专家系统中的知识库与专家系统程序是相互独立的，用户可以通过改变、完善知识库中的知识内容来提高专家系统的性能。

人工智能中的知识表示形式有产生式、框架、语义网络等，而在专家系统中运用得较为普遍的知识是产生式规则。产生式规则以 IF…THEN…的形式出现，就像 BASIC 等编程语言里的条件语句一样，IF 后面跟的是条件（前件），THEN 后面的是结论（后件），条件与结论均可以通过逻辑运算 AND、OR、NOT 进行复合。在这里，产生式规则的理解非常简单：如果前提条件得到满足，就产生相应的动作或结论。

　　推理机针对当前问题的条件或已知信息，反复匹配知识库中的规则，获得新的结论，以得到问题求解结果。在这里，推理方式可以有正向和反向推理两种。正向推理是从前件匹配到结论；反向推理则先假设一个结论成立，看它的条件有没有得到满足。由此可见，推理机就如同专家解决问题的思维方式，知识库就是通过推理机来实现其价值的。

5.2.2　专家系统的工作原理

　　专家系统是一个或一组能在某些特定领域内，应用大量的专家知识和推理方法求解复杂问题的一种人工智能计算机程序。

　　专家系统的基本工作流程是用户通过人机界面回答系统的提问，推理机将用户输入的信息与知识库中各个规则的条件进行匹配，并把被匹配规则的结论存放到综合数据库中。最后，专家系统将得出的最终结论呈现给用户。

　　专家系统的基本结构大部分是知识库和推理机。其中知识库中存放着求解问题所需的知识，推理机负责使用知识库中的知识去解决实际问题。知识库的建造需要知识工程师和领域专家相互合作，把领域专家头脑中的知识整理出来，并用系统的知识方法存放在知识库中。当解决问题时，用户为系统提供一些已知数据，并可从系统处获得专家水平的结论。

　　专家系统具有相当数量的权威性知识，能够采取一定的策略，运用专家知识进行推理，解决人们在通常条件下难以解决的问题。它克服了专家缺少、其知识昂贵、难于永久保存以及专家在解决问题时易受心理、环境等因素影响而使临场发挥不好等缺点。因此，专家系统自从问世以来，发展非常迅速，目前专家系统已经成为人工智能应用最活跃和最成功的领域。

5.3　专家系统的开发

5.3.1　基于规则和基于框架的专家系统

1. 基于规则的专家系统

　　基于规则的专家系统是采用产生式知识表示方法的专家系统。它以产生式系统为基础，是专家系统开发中常用的一种方式，其最基本的工作模型如图 5-2 所示。

　　在该模型中，规则库是基于规则专家系统的知

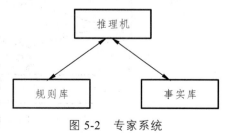

图 5-2　专家系统

识库，事实库也称综合数据库，是用来存放推理前的已知事实和推理过程中所得到的中间结论的；推理机是基于规则专家系统的推理机构。

专家系统的工作过程、求解过程大致有如下几个步骤：

① 根据用户的问题对知识库进行搜索，寻找有关的知识。

② 根据有关的知识和系统的控制策略形成解决问题的途径，即知识操作算子序列，从而构成一个假设集合。

③ 对解决问题的一组可能假设方案进行排序，并挑选其中在某些准则下为最优的假设方案。

④ 根据挑选的解决问题的假设方案去求解具体问题。

⑤ 如果该方案不能真正解决问题，则回溯到假设方案序列中的下一个假设方案，重复求解问题。

上述过程循环执行，直到问题已经解决或所有可能的求解方案都不能解决问题而宣告"本系统该问题无解"为止，工作流程如图 5-3 所示。

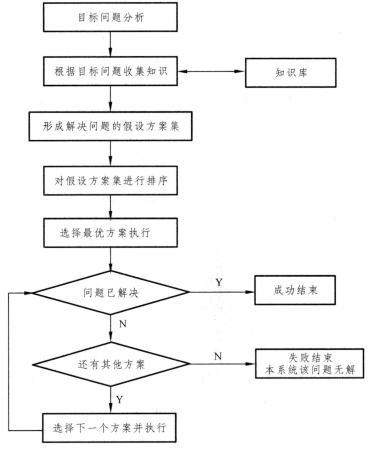

图 5-3 专家系统的工作流程

2. 基于框架的专家系统

基于框架的专家系统是采用框架知识表示方法的专家系统。它以框架系统为基础，具有较好的结构化特性。

这种专家系统的基本结构也与基于规则的专家系统类似，其主要区别在于知识库中知识表示和组织方式、综合数据库中事实的表示方式、推理机的推理方法和系统推理过程的控制策略等。

5.3.2　模糊专家系统和神经网络专家系统

模糊专家系统是指采用模糊技术来处理不确定性的一类专家系统。模糊专家系统的基本结构与传统专家系统类似，一般由模糊知识库、模糊数据库、模糊推理机、模糊知识获取模块、解释模块和人机接口 6 部分所组成，结构如图 5-4 所示。

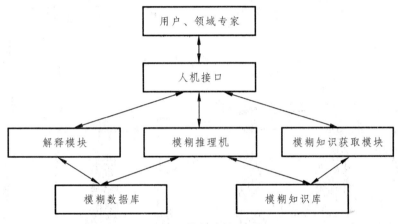

图 5-4　模糊专家系统

5.3.3　基于 Web 的专家系统

基于 Web 的专家系统是将 Web 数据交换技术与传统专家系统集成所得到的一种先进专家系统。它利用 Web 浏览器实现人机交互，基于 Web 专家系统中的各类用户都可通过浏览器访问专家系统。从结构上，它由浏览器、应用服务器和数据库服务器三个层次所组成，包括 Web 接口、推理机、知识库、数据库和解释器，如图 5-5 所示。

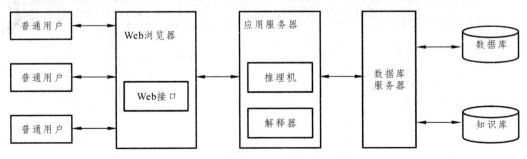

图 5-5　基于 Web 的专家系统

5.3.4 分布式和协同式专家系统

这是两种不同的先进专家系统，它们各自的侧重点不一样。分布式专家系统强调并行和分布，而协同式专家系统则强调协作与协同。

1. 分布式专家系统

分布式专家系统（Distributed Expert System, DES）是具有并行分布处理特征的专家系统，它可以把一个专家系统的功能分解后，分布到多个处理机上去并行执行，从而在总体上提高系统的处理效率。其运行环境可以是紧密耦合的多处理器系统，也可以是松耦合的计算机网络环境。

2. 协同式专家系统

协同式专家系统（Cooperative Expert System, CES）也称群专家系统，它是一种能综合若干个相近领域或同一领域内不同方面专家系统相互协作、共同解决单个专家系统无法解决的更广领域或更复杂问题的专家系统。

从结构上看它们有一定的相似之处，它们都涉及多个分专家系统。但在功能上却有较大差异，分布式专家系统强调的是功能分布和知识分布，它要求系统必须在多个节点上并行运行；而协调式专家系统强调的则是各专家系统之间的协同，各分专家系统可以在不同节点上运行，也可以在同一个节点上运行。

课后习题

一、选择题

1. 专家系统是一个（　　　）。
    A. 智能计算机程序系统　　　　　　　B. 专家
    C. 知识　　　　　　　　　　　　　　D. 经验

2. 专家系统是一种模拟（　　　）解决领域问题的计算机程序系统。
    A. 学生　　　　　　　　　　　　　　B. 人类专家
    C. 动物　　　　　　　　　　　　　　D. 猴子

3. 能对发生故障的对象（系统或设备）进行处理，使其恢复正常工作的专家系统是（　　　）。
    A. 修理专家系统　　　　　　　　　　B. 诊断专家系统
    C. 调试专家系统　　　　　　　　　　D. 规划专家系统

4. 能通过对过去和现在已知状况的分析，推断未来可能发生的情况的专家系统是（　　　）。
    A. 修理专家系统　　　　　　　　　　B. 预测专家系统
    C. 调试专家系统　　　　　　　　　　D. 规划专家系统

5. 专家系统的推理机的最基本的方式是（　　　）。

　　A. 直接推理和间接推理　　　　　B. 正向推理和反向推理

　　C. 逻辑推理和非逻辑推理　　　　D. 准确推理和模糊推理

6. 能根据学生的特点、弱点和基础知识，以最适当的教案和教学方法对学生进行教学和辅导的专家系统是（　　　）。

　　A. 解释专家系统　　　　　　　　B. 调试专家系统

　　C. 监视专家系统　　　　　　　　D. 教学专家系统

7. 用于寻找出某个能够达到给定目标的动作序列或步骤的专家系统是（　　　）。

　　A. 设计专家系统　　　　　　　　B. 诊断专家系统

　　C. 预测专家系统　　　　　　　　D. 规划专家系统

二、简答题

什么是专家系统？专家系统具有哪些特点？

第 6 章　机器学习

机器学习主要涵盖概率论知识、统计学知识、近似理论知识和复杂算法知识，使用计算机作为工具并致力于真实实时的模拟人类学习方式，并将现有内容进行知识结构划分来有效提高学习效率。

机器学习有下面几种定义：

（1）机器学习是一门人工智能的科学，该领域的主要研究对象是人工智能，特别是如何在经验学习中改善具体算法的性能。

（2）机器学习是对能通过经验自动改进的计算机算法的研究。

（3）机器学习是用数据或以往的经验，以此优化计算机程序的性能标准。

6.1　机器学习的发展

6.1.1　发展历程

机器学习实际上已经存在了几十年或者也可以认为存在了几个世纪。追溯到 17 世纪，贝叶斯、拉普拉斯关于最小二乘法的推导和马尔可夫链，这些构成了机器学习广泛使用的工具和基础。1950 年（艾伦·图灵提议建立一个学习机器）到 2000 年初（有深度学习的实际应用以及最近的进展，比如 2012 年的 AlexNet），机器学习有了很大的进展。

从 20 世纪 50 年代研究机器学习以来，不同时期的研究途径和目标并不相同，可以划分为四个阶段。

第一阶段是 20 世纪 50 年代中叶到 60 年代中叶，这个时期主要研究"有无知识的学习"。这类方法主要是研究系统的执行能力。这个时期，主要通过对机器的环境及其相应性能参数的改变来检测系统所反馈的数据，就好比给系统一个程序，通过改变它们的自由空间作用，系统将会受到程序的影响而改变自身的组织，最后这个系统将会选择一个最优的环境生存。在这个时期最具有代表性的研究就是 Samuet 的下棋程序。但这种机器学习的方法还远远不能满足人类的需要。

第二阶段从 20 世纪 60 年代中叶到 70 年代中叶，这个时期主要研究将各个领域的知识植入到系统里，在本阶段的目的是通过机器模拟人类学习的过程。同时还采用了图结构及其逻辑结构方面的知识进行系统描述，在这一研究阶段，主要是用各种符号来表示机器语言，研究人员在进行实验时意识到学习是一个长期的过程，从这种系统环境中无法学到更加深入的知识，因此研究人员将各专家学者的知识加入系统里，经过实践证明这种方法取得了一定的成效。在这一阶段具有代表性的工作有 Hayes-Roth 和 Winson 的对结构学习系统方法。

第三阶段从 20 世纪 70 年代中叶到 80 年代中叶，称为复兴时期。在此期间，人们从学习单个概念扩展到学习多个概念，探索不同的学习策略和学习方法，且在本阶段已开始把学习系统与各种应用结合起来，并取得很大的成功。同时，专家系统在知识获取方面的需求也极大地刺激了机器学习的研究和发展。在出现第一个专家学习系统之后，示例归纳学习系统成为研究的主流，自动知识获取成为机器学习应用的研究目标。1980年，在美国的卡内基梅隆（CMU）召开了第一届机器学习国际研讨会，标志着机器学习研究已在全世界兴起。此后，机器学习开始得到了大量的应用。1984 年，Simon 等 20多位人工智能专家共同撰文编写的 Machine Learning 文集第二卷出版，国际性杂志Machine Learning 创刊，更加显示出机器学习突飞猛进的发展趋势。这一阶段代表性的工作有 Mostow 的指导式学习、Lenat 的数学概念发现程序、Langley 的 BACON 程序及其改进程序。

第四阶段 20 世纪 80 年代中叶，是机器学习的最新阶段。这个时期的机器学习具有如下特点：

（1）机器学习已成为新的学科，它综合应用了心理学、生物学、神经生理学、数学、自动化和计算机科学等，形成了机器学习的理论基础。

（2）融合了各种学习方法，且形式多样的集成学习系统研究正在兴起。

（3）机器学习与人工智能各种基础问题的统一性观点正在形成。

（4）各种学习方法的应用范围不断扩大，部分应用研究成果已转化为产品。

（5）与机器学习有关的学术活动空前活跃。

6.1.2　发展现状

机器学习是人工智能及模式识别领域的共同研究热点，其理论和方法已被广泛应用于解决工程应用和科学领域的复杂问题。2010 年的图灵奖获得者为哈佛大学的 Leslie vlliant 教授，其获奖工作之一是建立了概率近似正确（Probably Approximate Correct，PAC）学习理论；2011 年的图灵奖获得者为加州大学洛杉矶分校的 Judea Pearll 教授，其主要贡献为建立了以概率统计为理论基础的人工智能方法。这些研究成果都促进了机器学习的发展和繁荣。

机器学习是研究怎样使用计算机模拟或实现人类学习活动的科学，是人工智能中最具智能特征、最前沿的研究领域之一。自 20 世纪 80 年代以来，机器学习作为实现人工智能的途径，在人工智能界引起了广泛的兴趣。特别是近十几年来，机器学习领域的研究工作发展很快，它已成为人工智能的重要课题之一。机器学习不仅在基于知识的系统中得到应用，而且在自然语言理解、非单调推理、机器视觉、模式识别等许多领域也得到了广泛应用。一个系统是否具有学习能力已成为是否具有"智能"的一个标志。机器学习的研究主要分为两类研究方向：第一类是传统机器学习的研究，该类研究主要是研究学习机制，注重探索模拟人的学习机制；第二类是大数据环境下机器学习的研究，该类研究主要是研究如何有效利用信息，注重从巨量数据中获取隐藏的、有效的、可理解的知识。

机器学习历经 70 年的曲折发展，以深度学习为代表借鉴人脑的多分层结构、神经元的连接交互信息的逐层分析处理机制，自适应、自学习的强大并行信息处理能力，在很多方面收获了突破性进展，其中最有代表性的是图像识别领域。

1. 传统机器学习的发展现状

传统机器学习的研究方向主要包括决策树、随机森林、人工神经网络、贝叶斯学习等方面的研究。

决策树是机器学习常见的一种方法。20 世纪末期，机器学习研究者 J.Ross Quinlan 将 Shannon 的信息论引入到了决策树算法中，提出了 ID3 算法。1984 年 I.Kononenko、E.Roskar 和 I.Bratko 在 ID3 算法的基础上提出了 AS-SISTANT Algorithm，这种算法允许类别的取值之间有交集。同年，A.Hart 提出了 Chi-Squa 统计算法，该算法采用了一种基于属性与类别关联程度的统计量。1984 年 L.Breiman、C.Ttone、R.Olshen 和 J.Freidman 提出了决策树剪枝概念，极大地改善了决策树的性能。1993 年，Quinlan 在 ID3 算法的基础上提出了一种改进算法，即 C4.5 算法。C4.5 算法克服了 ID3 算法属性偏向的问题，增加了对连续属性的处理，通过剪枝，在一定程度上避免了"过度适合"现象。但是该算法将连续属性离散化时，需要遍历该属性的所有值，降低了效率，并且要求训练样本集驻留在内存，不适合处理大规模数据集。2010 年 Xie 提出一种 CART 算法，该算法是描述给定预测向量 X 后,变量 Y 条件分布的一个灵活方法,已经在许多领域得到了应用。CART 算法可以处理无序的数据，采用基尼系数作为测试属性的选择标准。CART 算法生成的决策树精确度较高，但是当其生成的决策树复杂度超过一定程度后，随着复杂度的提高，分类精确度会降低，所以该算法建立的决策树不宜太复杂。2007 年房祥飞表述了一种叫 SLIQ（决策树分类）算法，这种算法的分类精度与其他决策树算法不相上下，但其执行的速度比其他决策树算法快，它对训练样本集的样本数量以及属性的数量没有限制。SLIQ 算法能够处理大规模的训练样本集，具有较好的伸缩性；执行速度快而且能生成较小的二叉决策树。SLIQ 算法允许多个处理器同时处理属性表，从而实现了并行性。但是 SLIQ 算法依然不能摆脱主存容量的限制。2000 年 RajeevRaSto 等提出了 PUBLIC 算法，该算法是对尚未完全生成的决策树进行剪枝，因而提高了效率。近几年模糊决策树也得到了蓬勃发展。研究者考虑到属性间的相关性提出了分层回归算法、约束分层归纳算法和功能树算法，这三种算法都是基于多分类器组合的决策树算法，它们对属性间可能存在的相关性进行了部分实验和研究，但是这些研究并没有从总体上阐述属性间的相关性是如何影响决策树性能。此外，还有很多其他的算法，如 Zhang.J 于 2014 年提出的一种基于粗糙集的优化算法、Wang.R 在 2015 年提出的基于极端学习树的算法模型等。

随机森林（RF）作为机器学习的重要算法之一，是一种利用多个树分类器进行分类和预测的方法。近年来，随机森林算法研究的发展十分迅速，已经在生物信息学、生态学、医学、遗传学、遥感地理学等多领域开展应用性研究。

人工神经网络（Artificial Neural Networks，ANN）是一种具有非线性适应性信息处理能力的算法，可克服传统人工智能方法对于直觉，如模式、语音识别、非结构化信息处理方面的缺陷。早在 20 世纪 40 年代人工神经网络已经受到关注，并随后得到迅速发展。

贝叶斯学习是机器学习较早的研究方向，其方法最早起源于英国数学家托马斯，贝叶斯在 1763 年所证明的一个关于贝叶斯定理的一个特例，经过多位统计学家的共同努力，贝叶斯统计在 20 世纪 50 年代之后逐步建立起来，成为统计学中一个重要的组成部分。

2. 大数据环境下机器学习的发展现状

大数据的价值体现主要集中在数据的转向以及数据的信息处理能力，等等。在产业发展的今天，大数据时代的到来，对数据的转换、数据的处理、数据的存储等带来了更好的技术支持，产业升级和新产业诞生形成了一种推动力量，让大数据能够针对可发现事物的程序进行自动规划，实现人类用户与计算机信息之间的协调。另外，现有的许多机器学习方法是建立在内存理论基础上的。大数据还无法装载进计算机内存的情况下，是无法进行诸多算法的处理的，因此应提出新的机器学习算法，以适应大数据处理的需要。大数据环境下的机器学习算法，依据一定的性能标准，对学习结果的重要程度可以予以忽视。采用分布式和并行计算的方式进行分治策略的实施，可以规避掉噪声数据和冗余带来的干扰，降低存储耗费，同时提高学习算法的运行效率。

随着大数据时代各行业对数据分析需求的持续增加，通过机器学习高效地获取知识，已逐渐成为当今机器学习技术发展的主要推动力。大数据时代的机器学习更强调"学习本身是手段"，机器学习成为一种支持和服务技术。如何基于机器学习对复杂多样的数据进行深层次的分析，更高效地利用信息成为当前大数据环境下机器学习研究的主要方向。所以，机器学习越来越朝着智能数据分析的方向发展，并已成为智能数据分析技术的一个重要源泉。另外，在大数据时代，随着数据产生速度的持续加快，数据的体量有了前所未有的增长，而需要分析的新的数据种类也在不断涌现，如文本的理解、文本情感的分析、图像的检索和理解、图形和网络数据的分析等，使得大数据机器学习和数据挖掘等智能计算技术在大数据智能化分析处理应用中具有极其重要的作用。在 2014 年 12 月中国计算机学会（CCF）大数据专家委员会上通过数百位大数据相关领域学者和技术专家投票推选出的"2015 年大数据十大热点技术与发展趋势"中，结合机器学习等智能计算技术的大数据分析技术被推选为大数据领域第一大研究热点和发展趋势。

6.2 机器学习的类型

6.2.1 基于学习策略的分类

1. 模拟人脑的机器学习

（1）符号学习：模拟人脑的宏观心理级学习过程，以认知心理学原理为基础，以符号数据为输入，以符号运算为方法，用推理过程在图或状态空间中搜索，学习的目标为概念或规则等。符号学习的典型方法有记忆学习、示例学习、演绎学习、类比学习、解释学习等。

（2）神经网络学习（或连接学习）：模拟人脑的微观生理级学习过程，以脑和神经科学原理为基础，以人工神经网络为函数结构模型，以数值数据为输入，以数值运算为方法，用迭代过程在系数向量空间中搜索，学习的目标为函数。典型的连接学习有权值修正学习、拓扑结构学习。

2. 直接采用数学方法的机器学习

主要有统计机器学习。统计机器学习是基于对数据的初步认识以及学习目的的分析，选择合适的数学模型，拟定超参数，并输入样本数据，依据一定的策略，运用合适的学习算法对模型进行训练，最后运用训练好的模型对数据进行分析预测。

统计机器学习的三个要素：

（1）模型（model）：模型在未进行训练前，其可能的参数是多个甚至无穷的，故可能的模型也是多个甚至无穷的，这些模型构成的集合就是假设空间。

（2）策略（strategy）：即从假设空间中挑选出参数最优的模型的准则。模型的分类或预测结果与实际情况的误差（损失函数）越小，模型就越好。那么策略就是误差最小。

（3）算法（algorithm）：即从假设空间中挑选模型的方法（等同于求解最佳的模型参数）。机器学习的参数求解通常都会转化为最优化问题，故学习算法通常是最优化算法，例如最速梯度下降法、牛顿法以及拟牛顿法等。

6.2.2 基于学习方法的分类

（1）归纳学习：指从认识研究个别事物到总结、概括一般性规律的学习过程。主要包括符号归纳学习和函数归纳学习（发现学习），典型的符号归纳学习有示例学习、决策树学习；典型的函数归纳学习有神经网络学习、示例学习、发现学习、统计学习。

（2）演绎学习：指从一般性的前提出发，通过推导即"演绎"，得出具体陈述或个别结论的过程。

（3）类比学习：典型的类比学习有案例（范例）学习。

（4）分析学习：典型的分析学习有解释学习、宏操作学习。

6.2.3　基于学习方式的分类

（1）监督学习（有导师学习）：输入数据中有导师信号，以概率函数、代数函数或人工神经网络为基函数模型，采用迭代计算方法，学习结果为函数。

（2）无监督学习（无导师学习）：输入数据中无导师信号，采用聚类方法，学习结果为类别。典型的无导师学习有发现学习、聚类、竞争学习等。

（3）强化学习（增强学习）：以环境反馈（奖/惩信号）作为输入，以统计和动态规划技术为指导的一种学习方法。

6.2.4　基于数据形式的分类

（1）结构化学习：以结构化数据为输入，以数值计算或符号推演为方法。典型的结构化学习有神经网络学习、统计学习、决策树学习、规则学习。

（2）非结构化学习：以非结构化数据为输入，典型的非结构化学习有类比学习、案例学习、解释学习、文本挖掘、图像挖掘、Web 挖掘等。

6.2.5　基于学习目标的分类

（1）概念学习：学习的目标和结果为概念，或者说是为了获得概念的学习。典型的概念学习主要有示例学习。

（2）规则学习：学习的目标和结果为规则，或者为了获得规则的学习。典型的规则学习主要有决策树学习。

（3）函数学习：学习的目标和结果为函数，或者说是为了获得函数的学习。典型的函数学习主要有神经网络学习。

（4）类别学习：学习的目标和结果为对象类，或者说是为了获得类别的学习。典型的类别学习主要有聚类分析。

（5）贝叶斯网络学习：学习的目标和结果是贝叶斯网络，或者说是为了获得贝叶斯网络的一种学习。其又可分为结构学习和参数学习。

6.3　机器学习的基本结构

以西蒙的学习定义作为出发点，建立起图 6-1 所示的机器学习的基本模型，通过对此模型的讨论，总结出设计学习系统时应当注意的一些原则。该模型中包括了四个基本组成环节。环境向系统的学习环节提供某些信息，学习环节利用这些信息修改知识库，以增进系统执行环节完成任务的效能，执行环节根据知识库完成的任务，把获得的信息反映给学习环节。下面对系统中的各个环节进行讨论。

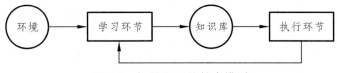

图 6-1　机器学习的基本模型

6.3.1　环　境

环境指系统获取知识和信息的来源以及执行对象等。总之，环境就是为学习系统提供获取知识所需的相关对象的素材或信息。一般来说，高水平的信息比较抽象，适用于更广泛的问题；低水平的信息比较具体，仅适用于个别问题。

6.3.2　学习环节

该环节通过对环境的搜索获得外部信息，并将这些信息与执行环节所反馈回来的信息进行比较。一般情况下，环境提供的信息水平与执行环节所需的信息水平之间往往有差距，经分析、综合、类比和归类等思维过程，学习环节就要从这些差距中获取相关对象的知识，并将这些知识存入知识库中。

6.3.3　知识库

知识库是影响机器学习系统设计的重要因素。知识库中常用的知识表示法有谓词逻辑法、产生式规则法、语义网络法和框架法等。这些表示方法各有特点，在选择表示方法时要考虑以下 4 个方面：

（1）表达能力较弱。所选择的知识表示方法要能很容易且较准确地表达有关的知识，不同的表示方法适用于不同的知识对象。

（2）推理难度的大小。在具有较强表达能力的基础上，为了使学习系统的计算代价比较低，总希望知识表示方法能使推理较为容易。

（3）知识库修改的难易。学习系统的本身要求它能不断地修改自己的知识库，当推理得出一般的执行规则后，要把它加到知识库中；当发现某些规则不适用时，要能将其删除。因此，学习系统的知识表示，一般都采用明确、统一的方式，以利于知识库的修改。

（4）知识是否易于扩展。随着系统学习能力的提高，单一的知识表示法已不能满足需要，一个系统有时同时使用几种知识表示方法，以便于学习更复杂的知识；有时还要求系统自己能构造出新的表示方法，以适应外界信息不断变化的需要。

6.3.4　执行环节

执行环节是整个学习系统的核心，用于处理系统面临的现实问题，即应用知识库中所学到的知识求解问题，并对执行的效果进行评价，将评价的结果反馈回学习环节，以便系统进一步学习。

一般来说，同执行环节密切相关的问题是：

（1）任务的复杂性。解决复杂的任务比解决简单的任务需要更多的知识。

（2）反馈信息。当执行环节解决当前问题后，根据执行的效果，要给学习环节一些反馈信息，以便改善学习环节的性能。所有的学习系统必须以某种方式评价执行环节的效果。

（3）执行过程的透明度。它要求从系统执行部分的动作效果可以很容易地对知识库的规则进行评价。

6.4　机器学习的算法

学习是一项复杂的智能活动，学习过程与推理过程是紧密相连的。学习中所用的推理越多，系统的能力越强。

6.4.1　什么是算法

机器学习中的"算法"是在数据上运行以创建机器学习"模型"的过程。机器学习算法执行"模式识别"。算法从数据中"学习"，或者对数据集进行"拟合"。机器学习算法有很多。比如，分类的算法，如 K 近邻算法；回归的算法，如线性回归；聚类的算法，如 K 均值算法。

6.4.2　回归算法

回归算法是最流行的机器学习算法，线性回归算法是基于连续变量预测特定结果的监督学习算法。另一方面，Logistic 回归专门用来预测离散值。这两种（以及所有其他回归算法）都以它们的速度而闻名，它们是最快速的机器学习算法之一。

6.4.3　基于实例的算法

最著名的基于实例的算法是 K 近邻算法，也称为 KNN（K-Nearest Neighbor）算法，它是机器学习中最基础和简单的算法之一，既能用于分类，也能用于回归。KNN 算法有一个十分特别的地方：它没有一个显示的学习过程。它的工作原理是利用训练数据对特征向量空间进行划分，并将其划分的结果作为其最终的算法模型。即，基于实例的分析使用提供数据的特定实例来预测结果。KNN 用于分类，比较数据点的距离，并将每个点分配给它最接近的组。

6.4.4　决策树算法

决策树是一种基本的分类与回归方法。决策树模型呈树形结构，在分类问题中，表示基于特征对实例进行分类的过程。它可以认为是 if-then 规则的集合，也可以认为是定义在特征空间与类空间上的条件概率分布。其主要优点是模型具有可读性，分类速度快。学习时，利用训练数据，根据损失函数最小化的原则建立决策树模型。预测时，对新的数据，利用决策树模型进行分类。

6.4.5　贝叶斯算法

事实上，上述算法都是基于贝叶斯（Bayes）理论的，最流行的算法是朴素贝叶斯，它经常用于文本分析。例如，大多数垃圾邮件过滤器使用贝叶斯算法，它们使用用户输入的类标记数据来比较新数据并对其进行适当分类。

贝叶斯分类算法是统计学的一种分类方法，它是一类利用概率统计知识进行分类的算法。在许多场合，朴素贝叶斯（Naive Bayes，NB）分类算法可以与决策树和神经网络分类算法相媲美，该算法能运用到大型数据库中，而且方法简单、分类准确率高、速度快。

由于贝叶斯定理假设一个属性值对给定类的影响独立于其他属性的值，而此假设在实际情况中经常是不成立的，因此其分类准确率可能会下降。为此，就衍生出许多降低独立性假设的贝叶斯分类算法，如 TAN 算法。

6.4.6　聚类算法

聚类算法的重点是发现元素之间的共性并对它们进行相应的分组，常用的聚类算法是 K 均值聚类算法。在 K 均值中，分析人员选择簇数（以变量 K 表示），并根据物理距离将元素分组为适当的聚类。

6.4.7　神经网络算法

人工神经网络算法基于生物神经网络的结构，深度学习采用神经网络模型并对其进行更新。它们是大并且极其复杂的神经网络，使用少量的标记数据和更多的未标记数据。神经网络和深度学习有许多输入，它们经过几个隐藏层后才产生一个或多个输出。这些连接形成一个特定的循环，模仿人脑处理信息和建立逻辑连接的方式。此外，随着算法的运行，隐藏层往往变得更小、更细微。

6.5　人工神经网络

人工神经网络（Artificial Neural Network，ANN），是 20 世纪 80 年代以来人工智能领域兴起的研究热点。它从信息处理角度对人脑神经元网络进行抽象，建立某种简单模型，按不同的连接方式组成不同的网络。在工程与学术界也常直接简称为神经网络或类神经网络。神经网络是一种运算模型，由大量的节点（或称神经元）之间相互连接构成。每个节点代表一种特定的输出函数，称为激励函数（Activation Function）。每两个节点间的连接都代表一个对于通过该连接信号的加权值，称之为权重，这相当于人工神经网络的记忆。网络的输出则因网络的连接方式、权重值和激励函数的不同而不同。而网络自身通常都是对自然界某种算法或者函数的逼近，也可能是对一种逻辑策略的表达。

6.5.1　人工神经网络的特点

神经网络是由存储在网络内部的大量神经元通过节点连接权重组成的一种信息响应网状拓扑结构，它采用了并行分布式的信号处理机制，因而具有较快的处理速度和较强的容错能力。神经网络模型用于模拟人脑神经元的活动过程，其中包括对信息的加工、处理、存储和搜索等过程。

人工神经网络具有如下基本特点：

（1）高度的并行性。人工神经网络由许多相同的简单处理单元并联组合而成，虽然每一个神经元的功能简单，但大量简单神经元并行处理能力和效果，却十分惊人。人工神经网络和人类的大脑类似，不但结构上是并行的，它的处理顺序也是并行的。在同一层内的处理单元都是同时操作的，即神经网络的计算功能分布在多个处理单元上，而一般计算机通常有一个处理单元，其处理顺序是串行的。

人脑神经元之间传递脉冲信号的速度远低于冯·诺依曼计算机的工作速度，前者为毫秒量级，后者的时钟频率通常可达 10^8 Hz 或更高的速率。但是，由于人脑是一个大规模并行与串行组合处理系统，因而在许多问题上可以做出快速判断、决策和处理，其速度可以远高于串行结构的冯·诺依曼计算机。人工神经网络的基本结构模仿人脑，具有并行处理的特征，可以大大提高工作速度。

（2）高度的非线性全局作用。人工神经网络每个神经元接受大量其他神经元的输入，并通过并行网络产生输出，影响其他神经元，网络之间的这种互相制约和互相影响，实现了从输入状态到输出状态空间的非线性映射，从全局的观点来看，网络整体性能不是网络局部性能的叠加，而表现出某种集体性的行为。

非线性关系是自然界的普遍特性。大脑的智慧就是一种非线性现象。人工神经元处于激活或抑制两种不同的状态，这种行为在数学上表现为一种非线性人工神经网络。具有阈值的神经元构成的网络具有更好的性能，可以提高容错性和存储容量。

（3）联想记忆功能和良好的容错性。人工神经网络通过自身的特有网络结构将处理的数据信息存储在神经元之间的权值中，具有联想记忆功能，从单一的某个权值并看不出其所记忆的信息内容，因而是分布式的存储形式，这就使得网络有很好的容错性，并可以进行特征提取、缺损模式复原、聚类分析等模式信息处理工作，又可以做模式联想、分类、识别工作。它可以从不完善的数据和图形中进行学习并做出决定。由于知识存在于整个系统中，而不只是存在于一个存储单元中，预订比例的节点不参与运算，对整个系统的性能不会产生重大的影响。能够处理那些有噪声或不完全的数据，具有泛化功能和很强的容错能力。

一个神经网络通常由多个神经元广泛连接而成。一个系统的整体行为不仅取决于单个神经元的特征，而且可能主要由单元之间的相互作用、相互连接所决定。通过单元之间的大量连接模拟大脑的非局限性。联想记忆是非局限性的典型例子。

（4）良好的自适应、自学习功能。人工神经网络通过学习训练获得网络的权值与结构，呈现出很强的自学习能力和对环境的自适应能力。神经网络所具有的自学习过程模拟了人的形象思维方法，这是与传统符号逻辑完全不同的一种非逻辑非语言。自适应性根据所提供的数据，通过学习和训练，找出输入和输出之间的内在关系，从而求取问题的解，而不是依据对问题的经验知识和规则，因而具有自适应功能，这对于弱化权重确定人为因素是十分有益的。

（5）知识的分布存储。在神经网络中，知识不是存储在特定的存储单元中，而是分布在整个系统中，要存储多个知识就需要很多链接。在计算机中，只要给定一个地址就可得到一个或一组数据。在神经网络中要获得存储的知识则采用"联想"的办法，这类似于人类和动物的联想记忆。人类善于根据联想正确识别图形，人工神经网络也是这样。神经网络采用分布式存储方式表示知识，通过网络对输入信息的响应将激活信号分布在网络神经元上，通过网络训练和学习使得特征被准确地记忆在网络的连接权值上，当同样的模式再次输入时，网络就可以进行快速判断。

（6）非凸性。一个系统的演化方向，在一定条件下将取决于某个特定的状态函数。例如能量函数，它的极值相应于系统比较稳定的状态。非凸性是指这种函数有多个极值，故系统具有多个较稳定的平衡态，这将导致系统演化的多样性。

正是神经网络所具有的这种学习和适应能力、自组织、非线性和运算高度并行的能力，解决了传统人工智能对于直觉处理方面的缺陷，例如对非结构化信息、语音模式识别等的处理，使之成功应用于神经专家系统、组合优化、智能控制、预测、模式识别等领域。

人工神经网络是一种旨在模仿人脑结构及其功能的信息处理系统。因此，它在功能上具有某些智能特点：

（1）联想记忆功能。由于神经网络具有分布存储信息和并行计算的性能，因此它具有对外界刺激和输入信息进行联想记忆的能力。这种能力是通过神经元之间的协同结构及信息处理的集体行为而实现的。神经网络通过预先存储信息和学习机制进行自适应训练，可以从不完整的信息和噪声干扰中恢复原始的完整的信息。这一功能使神经网络在图像复原、语音处理、模式识别与分类方面具有重要的应用前景。联想记忆又分为自联想记忆和异联想记忆两种。

（2）分类与识别功能。神经网络对外界输入样本有很强的识别与分类能力。对输入样本的分类实际上是在样本空间找出符合分类要求的分割区域，每个区域内的样本属于一类。

（3）优化计算功能。优化计算是指在已知的约束条件下，寻找一组参数组合，使该组合确定的目标函数达到最小。将优化约束信息（与目标函数有关）存储于神经网络的连接权矩阵之中，神经网络的工作状态以动态系统方程式描述。设置一组随机数据作为起始条件，当系统的状态趋于稳定时，神经网络方程的解作为输出优化结果。优化计算在 TSP 及生产调度问题上有重要应用。

（4）非线性映射功能。在许多实际问题中，如过程控制、系统辨识、故障诊断、机器人控制等诸多领域，系统的输入与输出之间存在复杂的非线性关系，对于这类系统，往往难以用传统的数理方程建立其数学模型。神经网络在这方面有独到的优势，设计合理的神经网络通过对系统输入输出样本进行训练学习，从理论上讲，能够以任意精度逼近任意复杂的非线性函数。神经网络的这一优良性能使其可以作为多维非线性函数的通用数学模型。

6.5.2　人工神经网络的结构

1. 生物神经元的结构

神经细胞是构成神经系统的基本单元，称之为生物神经元，简称神经元。神经元主要由三部分构成：① 细胞体；② 轴突；③ 树突，如图 6-2 所示。

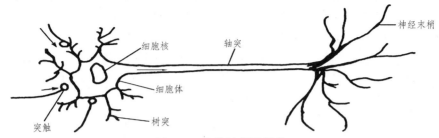

图 6-2　生物神经元结构

突触是神经元之间相互连接的接口部分，即一个神经元的神经末梢与另一个神经元的树突相接触的交界面，位于神经元的神经末梢尾端。突触是轴突的终端。

大脑可视作为 1 000 多亿神经元组成的神经网络。神经元的信息传递和处理是一种电化学活动。树突由于电化学作用接受外界的刺激，通过胞体内的活动体现为轴突电位，当轴突电位达到一定的值则形成神经脉冲或动作电位，再通过轴突末梢传递给其他的神经元。从控制论的观点来看，这一过程可以看作一个多输入单输出非线性系统的动态过程。

神经元的功能特性：① 时空整合功能；② 神经元的动态极化性；③ 兴奋与抑制状态；④ 结构的可塑性；⑤ 脉冲与电位信号的转换；⑥ 突触延期和不延期；⑦ 学习、遗忘和疲劳。

2. 人工神经元的结构

人工神经元的研究源于脑神经元学说，19 世纪末，在生物、生理学领域，Waldeger 等人创建了神经元学说。

人工神经网络是由大量处理单元经广泛互连而组成的人工网络，用来模拟脑神经系统的结构和功能。而这些处理单元我们把它称作人工神经元。人工神经网络可看成是以人工神经元为节点，用有向加权弧连接起来的有向图。在此有向图中，人工神经元就是对生物神经元的模拟，而有向弧则是轴突—突触—树突对的模拟。有向弧的权值表示相互连接的两个人工神经元间相互作用的强弱。人工神经元结构如图 6-3 所示。

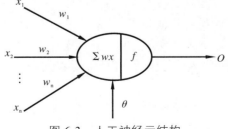

图 6-3　人工神经元结构

神经网络从两个方面模拟大脑：

（1）神经网络获取的知识是从外界环境中学习得来的。

（2）内部神经元的连接强度，即突触权值，用于储存获取的知识。

神经网络系统由能够处理人类大脑不同部分之间信息传递的由大量神经元连接形成的拓扑结构组成，依赖于这些庞大的神经元数目和它们之间的联系，人类的大脑能够收到输入信息的刺激，然后由分布式并行处理的神经元相互连接进行非线性映射处理，从而实现复杂的信息处理和推理任务。

对于某个处理单元（神经元）来说，假设来自其他处理单元（神经元）i的信息为x_i，它们与本处理单元的互相作用强度即连接权值为w_i，$i=0, 1, \cdots, n-1$，处理单元的内部阈值为θ。那么本处理单元（神经元）的输入为：

$$\sum_{i=0}^{n-1} w_i x_i \tag{6-1}$$

而处理单元的输出为：

$$y = f(\sum_{i=0}^{n-1} w_i x_i - \theta) \tag{6-2}$$

式中，x_i为第i个元素的输入，w_i为第i个处理单元与本处理单元的互连权重，即神经元连接权值。f称为激活函数或作用函数，它决定节点（神经元）的输出。θ表示隐含层神经节点的阈值。

神经网络的主要工作是建立模型和确定权值，一般有前向型和反馈型两种网络结构。通常神经网络的学习和训练需要一组输入数据和输出数据对，选择网络模型和传递、训练函数后，神经网络计算得到输出结果，根据实际输出和期望输出之间的误差进行权值的修正，在网络进行判断的时候就只有输入数据而没有预期的输出结果。神经网络一个相当重要的能力是其网络能通过它的神经元权值和阈值的不断调整从环境中进行学习，直到网络的输出误差达到预期的结果，就认为网络训练结束。

对于这样一种多输入、单输出的基本单元可以进一步从生物化学、电生物学、数学等方面给出描述其功能的模型。利用大量神经元相互连接组成的人工神经网络，将显示出人脑的若干特征，人工神经网络也具有初步的自适应与自组织能力。在学习或训练过程中改变突触权重w_{ij}值，以适应周围环境的要求。同一网络因学习方式及内容不同而具有不同的功能。人工神经网络是一个具有学习能力的系统，可以发展知识，以至超过设计者原有的知识水平。通常，它的学习（或训练）方式可分为两种：一种是有监督（supervised）或称有导师的学习，这时利用给定的样本标准进行分类或模仿；另一种是无监督（unsupervised）学习或称无导师学习，这时，只规定学习方式或某些规则，而具体的学习内容随系统所处环境（即输入信号情况）而异，系统可以自动发现环境特征和规律性，具有更近似于人脑的功能。

在人工神经网络设计及应用研究中，通常需要考虑三个方面的内容，即神经元激活函数、神经元之间的连接形式和网络的学习（训练）。

3. 神经网络的学习形式

在构造神经网络时，其神经元的传递函数和转换函数就已经确定了。在网络的学习过程中是无法改变转换函数的，因此如果想要改变网络输出的大小，只能通过改变加权求和的输入来达到。由于神经元只能对网络的输入信号进行响应处理，想要改变网络的加权输入，只能修改网络神经元的权参数，因此神经网络的学习就是改变权值矩阵的过程。

4. 神经网络的工作过程

神经网络的工作过程包括离线学习和在线判断两部分。学习过程中各神经元进行规则学习，权参数调整，进行非线性映射关系拟合以达到训练精度；判断阶段则是训练好的稳定的网络读取输入信息通过计算得到输出结果。

5. 神经网络的学习规则

神经网络的学习规则是修正权值的一种算法，分为联想式和非联想式学习，有监督学习和无监督学习等。下面介绍几个常用的学习规则。

（1）误差修正型规则：是一种有监督的学习方法，根据实际输出和期望输出的误差进行网络连接权值的修正，最终网络误差小于目标函数，达到预期结果。

误差修正法，权值的调整与网络的输出误差有关，它包括 δ 学习规则、Widrow-Hoff 学习规则、感知器学习规则和误差反向传播的 BP（Back Propagation）学习规则等。

（2）竞争型规则：无监督学习过程，网络仅根据提供的一些学习样本进行自组织学习，没有期望输出，通过神经元相互竞争对外界刺激模式响应的权利进行网络权值的调整来适应输入的样本数据。

对于无监督学习的情况，事先不给定标准样本，直接将网络置于"环境"之中，学习（训练）阶段与应用（工作）阶段成为一体。

（3）Hebb 型规则：利用神经元之间的活化值（激活值）来反映它们之间连接性的变化，即根据相互连接的神经元之间的活化值（激活值）来修正其权值。

在 Hebb 学习规则中，学习信号简单地等于神经元的输出。Hebb 学习规则代表一种纯前馈、无导师学习。该学习规则至今在各种神经网络模型中起着重要作用。典型的应用如利用 Hebb 规则训练线性联想器的权矩阵。

（4）随机型规则：在学习过程中结合了随机、概率论和能量函数的思想，根据目标函数（即网络输出均方差）的变化调整网络的参数，最终使网络目标函数达到收敛值。

6.5.3　人工神经网络的模型

1. 人工神经网络的分类

（1）按性能分：连续型和离散型网络，或确定型和随机型网络。

（2）按拓扑结构分：前向网络和反馈网络。

前向网络有自适应线性神经网络（Adaptive Linear，简称 Adaline）、单层感知器、多层感知器、BP 等。前向网络，网络中各个神经元接受前一级的输入，并输出到下一级，网络中没有反馈，可以用一个有向无环路图表示。这种网络实现信号从输入空间到输出空间的变换，它的信息处理能力来自简单非线性函数的多次复合，网络结构简单，易于实现。反传网络是一种典型的前向网络。

反馈网络有 Hopfield、Hamming、BAM 等。反馈网络，网络内神经元间有反馈，可以用一个无向的完备图表示。这种神经网络的信息处理是状态的变换，可以用动力学系统理论处理。系统的稳定性与联想记忆功能有密切关系。Hopfield 网络、波耳兹曼机均属于这种类型。

（3）按学习方法分：有教师（监督）的学习网络和无教师（监督）的学习网络。

（4）按连接突触性质分：一阶线性关联网络和高阶非线性关联网络。

2. 生物神经元模型

人脑是自然界所造就的高级动物，人的思维是由人脑来完成的，而思维则是人类智能的集中体现。人脑的皮层中包含 100 亿个神经元、60 万亿个神经突触，以及他们的连接体。神经系统的基本结构和功能单位就是神经细胞，即神经元，它主要由细胞体、树突、轴突和突触组成。人类的神经元具备以下几个基本功能特性：时空整合功能；神经元的动态极化性；兴奋与抑制状态；结构的可塑性；脉冲与电位信号的转换；突触延期和不延期；学习、遗忘和疲劳。神经网络是由大量的神经元单元相互连接而构成的网络系统。

3. 人工神经网络模型

人工神经网络，是通过模仿生物神经网络的行为特征，进行分布式并行信息处理的数学模型。这种网络依靠系统的复杂度，通过调整内部大量节点之间相互连接的关系，从而达到信息处理的目的。人工神经网络具有自学习和自适应的能力，可以通过预先提供的一批相互对应的输入输出数据，分析两者的内在关系和规律，最终通过这些规律形成一个复杂的非线性系统函数，这种学习分析过程被称作"训练"。神经元的每一个输入连接都有突触连接强度，用一个连接权值来表示，即将产生的信号通过连接强度放大，每一个输入量都对应有一个相关联的权重。处理单元将经过权重的输入量化，然后相加求得加权值之和，计算出输出量，这个输出量是权重和的函数，一般称此函数为传递函数。

4. 感知器模型

感知器模型是美国学者罗森勃拉特（Rosenblatt）为研究大脑的存储、学习和认知过程而提出的一类具有自学习能力的神经网络模型，它把神经网络的研究从纯理论探讨引向了从工程上的实现。

Rosenblatt 提出的感知器模型是一个只有单层计算单元的前向神经网络，称为单层感知器。单层感知器模型的学习算法，其算法思想：首先把连接权和阈值初始化为较小的非零随机数，然后把有 n 个连接权值的输入送入网络，经加权运算处理，得到的输出如果与所期望的输出有较大的差别，就对连接权值参数按照某种算法进行自动调整，经过多次反复，直到所得到的输出与所期望的输出间的差别满足要求为止。

线性不可分问题：单层感知器不能表达的问题被称为线性不可分问题。1969 年，明斯基证明了"异或"问题是线性不可分问题。线性不可分函数的数量随着输入变量个数的增加而快速增加，甚至远远超过了线性可分函数的个数。也就是说，单层感知器不能表达的问题的数量远远超过了它所能表达的问题的数量。

多层感知器：在单层感知器的输入部分和输出层之间加入一层或多层处理单元，就构成了二层或多层感知器。在多层感知器模型中，只允许某一层的连接权值可调，这是因为无法知道网络隐层的神经元的理想输出，因而难以给出一个有效的多层感知器学习算法。多层感知器克服了单层感知器的许多缺点，原来一些单层感知器无法解决的问题，在多层感知器中就可以解决。例如，应用二层感知器就可以解决异或逻辑运算问题。

5. 反向传播模型

反向传播模型也称 B-P 模型，是一种用于前向多层的反向传播学习算法。之所以称它是一种学习方法，是因为用它可以对组成前向多层网络的各人工神经元之间的连接权值进行不断的修改，从而使该前向多层网络能够将输入它的信息变换成所期望的输出信息。之所以将其称作反向学习算法，是因为在修改各人工神经元的连接权值时，所依据的是该网络的实际输出与其期望的输出之差，将这一差值反向一层一层地向回传播，来决定连接权值的修改。

B-P 算法的网络结构是一个前向多层网络，它是在 1986 年，由 Rumelhart 和 Mcllelland 提出的。它是一种多层网络的"逆推"学习算法。其基本思想是：学习过程由信号的正向传播与误差的反向传播两个过程组成。正向传播时，输入样本从输入层传入，经隐层逐层处理后，传向输出层。若输出层的实际输出与期望输出不符，则转向误差的反向传播阶段。误差的反向传播是将输出误差以某种形式通过隐层向输入层逐层反传，并将误差分摊给各层的所有单元，从而获得各层单元的误差信号，此误差信号即作为修正各单元权值的依据。这种信号正向传播与误差反向传播的各层权值调整过程，是周而复始地进行。权值不断调整过程，也就是网络的学习训练过程。此过程一直进行到网络输出的误差减少到可以接受的程度，或进行到预先设定的学习次数为止。

反向传播网络的学习算法：B-P 算法的学习目的是对网络的连接权值进行调整，使得调整后的网络对任一输入都能得到所期望的输出。

学习过程由正向传播和反向传播组成。正向传播用于对前向网络进行计算，即对某一输入信息，经过网络计算后求出它的输出结果。反向传播用于逐层传递误差，修改神经元间的连接权值，以使网络对输入信息经过计算后所得到的输出能达到期望的误差要求。

（1）B-P 算法的学习过程。

① 选择一组训练样例，每一个样例由输入信息和期望的输出结果两部分组成。

② 从训练样例集中取一样例，把输入信息输入到网络中。

③ 分别计算经神经元处理后的各层节点的输出。

④ 计算网络的实际输出和期望输出的误差。

⑤ 从输出层反向计算到第一个隐层，并按照某种能使误差向减小方向发展的原则，调整网络中各神经元的连接权值。

⑥ 对训练样例集中的每一个样例重复③～⑤的步骤，直到整个训练样例集的误差达到要求时为止。

在以上的学习过程中，第⑤步是最重要的，如何确定一种调整连接权值的原则，使误差沿着减小的方向发展，是 B-P 学习算法必须解决的问题。

（2）B-P 算法的优缺点。

优点：理论基础牢固，推导过程严谨，物理概念清晰，通用性好等。所以，它是目前用来训练前向多层网络较好的算法。

缺点：① 该学习算法的收敛速度慢；② 网络中隐节点个数的选取尚无理论上的指导；③ 从数学角度看，B-P 算法是一种梯度最速下降法，这就可能出现局部极小的问题。当出现局部极小时，从表面上看，误差符合要求，但这时所得到的解并不一定是问题的真正解。所以 B-P 算法是不完备的。

（3）B-P 算法的局限性。

① 在误差曲面上有些区域平坦，此时误差对权值的变化不敏感，误差下降缓慢，调整时间长，影响收敛速度。这时误差的梯度变化很小，即使权值的调整量很大，误差仍然下降很慢。造成这种情况的原因与各节点的净输入过大有关。

② 存在多个极小点。从两维权空间的误差曲面可以看出，其上存在许多凸凹不平，其低凹部分就是误差函数的极小点。可以想象多维权空间的误差曲面，会更加复杂，存在更多个局部极小点，它们的特点都是误差梯度为 0。BP 算法权值调整依据是误差梯度下降，当梯度为 0 时，BP 算法无法辨别极小点性质，因此训练常陷入某个局部极小点而不能自拔，使训练难以收敛于给定误差。

（4）B-P 算法的改进。

误差曲面的平坦区将使误差下降缓慢，调整时间加长，迭代次数增多，影响收敛速度；而误差曲面存在的多个极小点会使网络训练陷入局部极小，从而使网络训练无法收敛于给定误差。这两个问题是 BP 网络标准算法的固有缺陷。

针对此，国内外不少学者提出了许多改进算法，几种典型的改进算法如下：

① 增加动量项：标准 B-P 算法在调整权值时，只按 t 时刻误差的梯度下降方向调整，而没有考虑 t 时刻以前的梯度方向，从而常使训练过程发生振荡，收敛缓慢。为了提高训练速度，可以在权值调整公式中加一动量项。大多数 B-P 算法中都增加了动量项，以至于有动量项的 B-P 算法成为一种新的标准算法。

② 可变学习速度的反向传播算法（Variable Learning Rate Back Propagation，VLBP）：多层网络的误差曲面不是二次函数。曲面的形状随参数空间区域的不同而不同。可以在学习过程中通过调整学习速度来提高收敛速度。技巧是决定何时改变学习速度和怎样改变学习速度。可变学习速度的 VLBP 算法有许多不同的方法来改变学习速度。

③ 学习速率的自适应调节：可变学习速度 VLBP 算法，需要设置多个参数，算法的性能对这些参数的改变往往十分敏感，另外，处理起来也较麻烦。此处给出一简洁的学习速率的自适应调节算法。学习速率的调整只与网络总误差有关。学习速率 η 也称步长，在标准 B-P 中是一常数，但在实际计算中，很难给定出一个从始至终都很合适的最佳学习速率。从误差曲面可以看出，在平坦区内 η 太小会使训练次数增加，这时候希望 η 值大一些；而在误差变化剧烈的区域，η 太大会因调整过量而跨过较窄的"凹坑"处，使训练出现振荡，反而使迭代次数增加。为了加速收敛过程，最好是能自适应调整学习速率 η，使其该大则大，该小则小。比如可以根据网络总误差来调整。

④ 引入陡度因子——防止饱和：误差曲面上存在着平坦区。其权值调整缓慢的原因是由 S 转移函数具有饱和特性造成的。如果在调整进入平坦区后，设法压缩神经元的净输入，使其输出退出转移函数的饱和区，就可改变误差函数的形状，从而使调整脱离平坦区。实现这一思路的具体做法是在转移函数中引进一个陡度因子。

6. Hopfield 模型

Hopfield 模型是霍普菲尔德分别于 1982 年及 1984 提出的两个神经网络模型。1982 年提出的是离散型，1984 年提出的是连续型，但它们都是反馈网络结构。

由于在反馈网络中，网络的输出要反复地作为输入再送入网络中，这就使得网络具有了动态性，网络的状态在不断地改变之中，因而就提出了网络的稳定性问题。所谓一个网络是稳定的，是指从某一时刻开始，网络的状态不再改变。

设用 $X(t)$ 表示网络在时刻 t 的状态，如果从 $t=0$ 的任一初态 $X(0)$ 开始，存在一个有限的时刻 t，使得从此时刻开始神经网络的状态不再发生变化，就称此网络是稳定的。

离散网络模型是一个离散时间系统，每个神经元只有两个状态，可以用 1 和 0 来表示，由连接权值 W_{ij} 所构成的矩阵是一个对角线为 0 的对称矩阵。

Hopfield 网络离散模型有两种工作模式：

（1）串行方式，是指在任一时刻 t，只有一个神经元 i 发生状态变化，而其余的神经元保持状态不变。

（2）并行方式，是指在任一时刻 t，都有部分或全体神经元同时改变状态。

有关离散的 Hopfield 网络的稳定性问题，已于 1983 年由 Cohen 和 Grossberg 给予了证明。而 Hopfield 等人又进一步证明，只要连接权值构成的矩阵是非负对角元的对称矩阵，则该网络就具有串行稳定性。

1984 年，Hopfield 又提出了连续时间的神经网络，在这种神经网络中，各节点可在 0 到 1 的区间内取任一实数值。

Hopfield 网络是一种非线性的动力网络，可通过反复的网络动态迭代来求解问题，这是符号逻辑方法所不具有的特性。在求解某些问题时，其求解问题的方法与人类求解问题的方法很相似，虽然所求得的解不是最佳解，但其求解速度快，更符合人们日常解决问题的策略。

Hopfield 递归网络是美国加州理工学院物理学家 J.J.Hopfield 教授于 1983 年提出的。

Hopfield 网络按网络输入和输出的数字形式不同可分为离散型和连续型两种网络，即：离散型 Hopfield 神经网络——DHNN(Discrete Hopfield Neural Network)；连续型 Hopfield 神经网络——CHNN(Continuous Hopfield Neural Network)。

DHNN 结构：它是一种单层全反馈网络，共有 n 个神经元。每个神经元都通过连接权接收所有其他神经元输出反馈来的信息，其目的是让任一神经元的输出能接受所有神经元输出的控制，从而使各神经元能相互制约。

DHNN 的设计原则：吸引子的分布是由网络的权值（包括阈值）决定的，设计吸引子的核心就是如何设计一组合适的权值。为了使所设计的权值满足要求，权值矩阵应符合以下要求：① 为保证异步方式工作时网络收敛，W 应为对称阵；② 为保证同步方式工作时网络收敛，W 应为非负定对称阵；③ 保证给定的样本是网络的吸引子，并且要有一定的吸引域。

7. BAM 模型

神经网络的联想记忆功能可以分为两种：一种是自联想记忆，另一种是异联想记忆。Hopfield 神经网络就属于自联想记忆。由 B.Kosko 1988 年提出的双向联想记忆神经网络 BAM(Bidirectional Associative Memory)属于异联想记忆。BAM 有离散型、连续型和自适应型等多种形式。

8. CMAC 模型

BP 神经网络、Hopfield 神经网络和 BAM 双向联想记忆神经网络分别属于前馈和反馈神经网络，这主要是从网络的结构来划分的。如果从神经网络的函数逼近功能这个角度来分，神经网络可以分为全局逼近网络和局部逼近网络。当神经网络的一个或多个可调参数（权值和阈值）在输入空间的每一点对任何一个输出都有影响，则称该神经网络为全局逼近网络，多层前馈 BP 网络是全局逼近网络的典型例子。对于每个输入输出数据对，网络的每一个连接权均需进行调整，从而导致全局逼近网络学习速度很慢，对于有实时性要求的应用来说常常是不可容忍的。如果对网络输入空间的某个局部区域只有少数几个连接权影响网络输出，则称网络为局部逼近网络。对于每个输入输出数据对，只有少量的连接权需要进行调整，从而使局部逼近网络具有学习速度快的优点，这一点对于有实时性要求的应用来说至关重要。目前常用的局部逼近神经网络有 CMAC 网络、径向基函数 RBF 网络和 B 样条网络等，其结构原理相似。

1975 年 J.S.Albus 提出一种模拟小脑功能的神经网络模型，称为 Cerebellar Model Articulation Controller，简称 CMAC。CMAC 网络是仿照小脑控制肢体运动的原理而建立的神经网络模型。小脑指挥运动时具有不假思索地做出条件反射迅速响应的特点，这种条件反射式响应是一种迅速联想。

CMAC 网络有三个特点：

（1）作为一种具有联想功能的神经网络，它的联想具有局部推广（或称泛化）能力，因此相似的输入将产生相似的输出，远离的输入将产生独立的输出。

（2）对于网络的每一个输出，只有很少的神经元所对应的权值对其有影响，哪些神经元对输出有影响则由输入决定。

（3）CMAC 的每个神经元的输入输出是一种线性关系，但其总体上可看作一种表达非线性映射的表格系统。由于 CMAC 网络的学习只在线性映射部分，因此可采用简单的 δ 算法，其收敛速度比 BP 算法快得多，且不存在局部极小问题。CMAC 最初主要用来求解机械手的关节运动，其后进一步用于机器人控制、模式识别、信号处理以及自适应控制等领域。

9. RBF 模型

对局部逼近神经网络，除 CMAC 神经网络外，常用的还有径向基函数 RBF 网络和 B 样条网络等。径向基函数（Radial Basis Function，RBF）神经网络，是由 J.Moody 和 C.Darken 于 20 世纪 80 年代末提出的一种神经网络，径向基函数方法在某种程度上利用了多维空间中传统的严格插值法的研究成果。在神经网络的背景下，隐藏单元提供一个"函数"集，该函数集在输入模式向量扩展至隐层空间时为其构建了一个任意的"基"，这个函数集中的函数就被称为径向基函数。径向基函数首先是在实多变量插值问题的解中引入的。径向基函数是目前数值分析研究中的一个主要领域之一。

最基本的径向基函数（RBF）神经网络的构成包括三层，其中每一层都有着完全不同的作用。输入层由一些感知单元组成，它们将网络与外界环境连接起来；第二层是网络中仅有的一个隐层，它的作用是从输入空间到隐层空间之间进行非线性变换，在大多数情况下，隐层空间有较高的维数；输出层是线性的，它为作用于输入层的激活模式提供响应。

基本的径向基函数（RBF）网络是具有单稳层的三层前馈网络。由于它模拟了人脑中局部调整、相互覆盖接受域（或称感受域，Receptive Field）的神经网络结构，因此，RBF 网络是一种局部逼近网络，现已证明它能以任意精度逼近任一连续函数。

RBF 网络的常规学习算法，一般包括两个不同的阶段：

（1）隐层径向基函数的中心的确定阶段。常见方法有：随机选取固定中心法、中心的自组织选择法等。

（2）径向基函数权值学习调整阶段。常见方法有：中心的监督选择法、正则化严格插值法等。

10. SOM 模型

芬兰 Helsink 大学 T.Kohonen 教授提出一种自组织特征映射网络 SOM(Self-Organizing feature Map)，又称 Kohonen 网络。Kohonen 认为，一个神经网络接受外界输入模式时，将会分为不同的对应区域，各区域对输入模式有不同的响应特征，而这个过程是自动完成的。SOM 网络正是根据这一看法提出的，其特点与人脑的自组织特性相类似。

（1）自组织神经网络结构。

① 定义：自组织神经网络是无导师学习网络。它通过自动寻找样本中的内在规律和本质属性，自组织、自适应地改变网络参数与结构。

② 结构：层次型结构，具有竞争层。

典型结构：输入层+竞争层。

输入层：接受外界信息，将输入模式向竞争层传递，起"观察"作用。

竞争层：负责对输入模式进行"分析比较，寻找规律，并归类"。

（2）自组织神经网络的原理。

① 分类与输入模式的相似性：分类是在类别知识等导师信号的指导下，将待识别的输入模式分配到各自的模式类中，无导师指导的分类称为聚类，聚类的目的是将相似的模式样本划归一类，而将不相似的分离开来，实现模式样本的类内相似性和类间分离性。由于无导师学习的训练样本中不含期望输出，因此对于某一输入模式样本应属于哪一类并没有任何先验知识。对于一组输入模式，只能根据它们之间的相似程度来分为若干类，因此，相似性是输入模式的聚类依据。

② 相似性测量：神经网络的输入模式向量的相似性测量可用向量之间的距离来衡量。常用的方法有欧氏距离法和余弦法两种。

③ 竞争学习原理：竞争学习规则的生理学基础是神经细胞的侧抑制现象：当一个神经细胞兴奋后，会对其周围的神经细胞产生抑制作用。最强的抑制作用是竞争获胜的"唯我独兴"，这种做法称为"胜者为王"（Winner-Take-All）。竞争学习规则就是从神经细胞的侧抑制现象获得的。它的学习步骤为：A. 向量归一化；B. 寻找获胜神经元；C. 网络输出与权调整；D. 重新归一化处理。

（3）SOM网络的拓扑结构。

SOM网络共有两层，即输入层和输出层。

① 输入层：通过权向量将外界信息汇集到输出层各神经元。输入层的形式与BP网相同，节点数与样本维数相同。

② 输出层：输出层也是竞争层，其神经元的排列有多种形式，分为一维线阵、二维平面阵和三维栅格阵。最典型的结构是二维形式，它更具大脑皮层的形象。

输出层的每个神经元同它周围的其他神经元侧向连接，排列成棋盘状平面；输入层为单层神经元排列。

（4）SOM权值调整域。

SOM网络采用的算法，称为Kohonen算法，它是在"胜者为王"WTA(Winner-Take-All)学习规则基础上加以改进的，主要区别是调整权向量与侧抑制的方式不同：WTA，侧抑制是"封杀"式的，只有获胜神经元可以调整其权值，其他神经元都无权调整；Kohonen算法，获胜神经元对其邻近神经元的影响是由近及远，由兴奋逐渐变为抑制。换句话说，不仅获胜神经元要调整权值，它周围的神经元也要不同程度地调整权向量。

（5）SOM网络运行原理。

SOM网络的运行分训练和工作两个阶段。在训练阶段，网络随机输入训练集中的样本，对某个特定的输入模式，输出层会有某个节点产生最大响应而获胜，而在训练开始阶段，输出层哪个位置的节点将对哪类输入模式产生最大响应是不确定的。当输入模式的类别改变时，二维平面的获胜节点也会改变。获胜节点周围的节点因侧向相互兴奋作用也产生较大影响，于是获胜节点及其优胜邻域内的所有节点所连接的权向量均向输入方向做不同程度的调整，调整力度依邻域内各节点距离获胜节点的远近而逐渐减小。网络通过自组织方式，用大量训练样本调整网络权值，最后使输出层各节点成为对特定模式类敏感的神经元，对应的内星权向量成为各输入模式的中心向量。并且当两个模式类的特征接近时，代表这两类的节点在位置上也接近，从而在输出层形成能反映样本模式类分布情况的有序特征图。

课后习题

一、选择题

1. 有关机器学习的认识下面哪种说法是错误的？（　　　）

　　A. 高质量的数据、算力和算法对一个机器学习项目是必不可少的

　　B. 深度学习是机器学习的一类高级算法，可以处理图像、声音和文本等复杂数据

　　C. 机器学习算法很多，后期出现的算法比早期出现的算法性能好

　　D. 机器学习可以在一定程度上模仿人的学习，并能增强人的决策能力

2. 下面哪种开发语言最适合机器学习？（　　　）

　　A. HTML　　　　　　　　　　　　B. Python

　　C. C　　　　　　　　　　　　　　D. Java

3. 移动运营商对客户进行细分，以设计套餐和营销活动，可以使用下面哪种机器学习方法？（　　　）

　　A. 贝叶斯分类器　　　　　　　　　B. 关联方法

　　C. 聚类算法　　　　　　　　　　　D. 多层前馈网络

4. 建立一个模型，根据已知的多个变量值来预测其他某个变量值属于数据挖掘的哪一类任务？（　　　）

　　A. 分类规则　　　　　　　　　　　B. 回归分析

　　C. 聚类　　　　　　　　　　　　　D. 信息检索

5. 下面哪个是机器学习的合理定义？（　　　）

　　A. 机器学习是计算机编程的科学

　　B. 机器学习从标记的数据中学习

　　C. 机器学习是允许机器人智能行动的领域

　　D. 机器学习能使计算机在没有明确编程的情况下学习

6. 回归问题和分类问题的区别是什么？（　　　）

　　A. 回归问题与分类问题在输入属性值上要求不同

　　B. 回归问题有标签，分类问题没有

　　C. 回归问题输出值是连续的，分类问题输出值是离散的

D. 回归问题输出值是离散的，分类问题输出值是连续的

7. 哪些机器学习模型经过训练，能够根据其行为获得的奖励和反馈做出一系列决策。（　　　）

  A. 监督学习　　　　　　　　　　　　B. 无监督学习

  C. 强化学习　　　　　　　　　　　　D. 以上全部

8. 下列说法正确的是（　　　）。

  A. 分类和聚类都是有指导的学习

  B. 分类和聚类都是无指导的学习

  C. 分类是有指导的学习，聚类是无指导的学习

  D. 分类是无指导的学习，聚类是有指导的学习

9. （　　　）是机器学习的一部分，与神经网络一起工作。

  A. 深度学习　　　　　　　　　　　　B. 人工智能

  C. A 和 B　　　　　　　　　　　　　D. 以上都不是

10. 以下说法正确的是（　　　）。

  A. 机器学习的目的在于从数据中发现有用的信息

  B. 机器学习的主要任务是从数据中发现潜在的规律，从而能更好地辅助决策或实现机器自动行动

  C. 机器学习只是对计算机仿真方法产生的数据进行模式的发掘

  D. 机器学习就是用可视化方法展示数据中的多维度信息

二、简答题

1. 请简述人工智能和机器学习的关系。

2. 依据学习方式，机器学习可以分为哪几类？

第 7 章　规划系统

自动规划是一种重要的问题求解技术。注重于问题的求解过程，而不是求解结果。规划要解决的问题，如机器人世界问题，往往是真实世界问题，而不是比较抽象的数学模型问题。

7.1　规划的作用与任务

7.1.1　规划的概念

规划是一种问题求解技术。从某个特定的问题状态出发，寻求一系列行为动作，并建立一个操作序列，直到求得目标状态为止。规划是一个行动过程的描述。一个总规划可以含有若干个子规划。

7.1.2　规划的作用与问题分解途径

1. 规划的特性和作用

规划意味着在行动之前决定行动的进程。在执行一个问题求解程序中任何一步之前，计算该程序几步的过程。

规划是一个行动过程的描述，具有某个规划目标的蕴含排序。许多规划所包含的步骤是含糊的，而且需要进一步说明。

大多数规划具有很大的子规划结构，规划中的每个目标可以由达到此目标的比较详细的子规划所代替。规划结构如图 7-1 所示。

缺乏规划可能导致两个后果：

（1）不是最佳的问题求解。

（2）如果目标不是独立的，可能在实际上排除了该问题的某个解答。

规划可用来监控问题求解过程，并能够在造成较大的危害之前发现差错。规划的好处可归纳为简化搜索、解决目标矛盾以及为差错补偿提供基础。

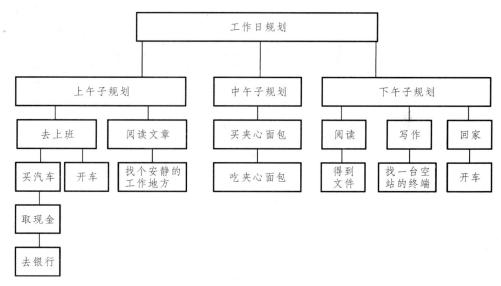

图 7-1 规划结构

2. 问题分解途径及方法

把某些比较复杂的问题分解为一些比较小的子问题的想法使我们应用规划方法求解问题在实际上成为可能。有两条能够实现这种分解的重要途径。

第一条重要途径是，当从一个问题状态移动到下一个状态时，无须计算整个新的状态，而只要考虑状态中可能变化了的那些部分。第二条重要途径是把单一的困难问题分割为几个有希望的较为容易解决的子问题。

3. 域的预测和规划的修正

（1）域的预测。

规划方法的成功取决于问题论域的另一特性——预测。

（2）规划的修正。

如果规划在执行中失败了，那么就需要对它进行修订，为便于修订，在规划过程中不仅要记下规划的执行步骤，而且也要记下每一步骤必须被执行的理由。

7.2 基于谓词逻辑的规划

用谓词逻辑来描述世界模型及规划过程首先要解决的就是待求解问题的表示。

7.2.1 规划世界模型的谓词逻辑表示

以机器人规划问题为例，示意图如图 7-2 所示。
首先引入相关的谓词：
CLEAR(x): x 上是空的
NEAR(x, y): x 在 y 的附近

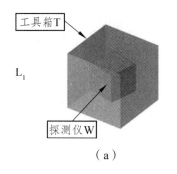

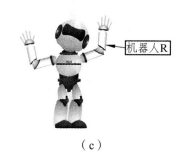

图 7-2　机器人规划示意图

HOLDING(x, y): x 手中拿着 y

PICKUP(x, y): x 把 y 拿起

HANDEMPTY(x): x 手中是空的

OPEN(x, y): x 把 y 打开

AT(x, y): x 在 y 处（上）

GOTO(x, y): x 走到 y 的旁边

ISCLOSE(x): x 处于关闭状态

CLOSE(x, y): x 把 y 关闭

ISOPEN(x): x 处于打开状态

ON(x, y): x 在 y 之上

PICKDOWN(x, y, z): x 把 y 放在 z 上

IN(x, y): x 在 y 中

问题的初始状态就可以描述为：

AT(T, L_1) ∧ IN(W, T) ∧ ISCLOSE(T) ∧ AT(F, L_2) ∧ CLEAR(F) ∧ AT(R, L_3) ∧ HANDEMPTY(R)

目标状态：

AT(T, L_1) ∧ IN(W, ~T) ∧ ISOPEN(T) ∧ AT(F, L_2) ∧ ON(W, F) ∧ NEAR(R, F) ∧ HANDEMPTY(R)

操作可以分为先决条件和行为动作两个部分，只有当前状态的先决条件被满足时，才能进行相应的动作，同时使得当前状态转变到下一个状态。

基本操作：

OP1: OPEN(x, y)

先决条件：NEAR(x, y) ∧ ISCLOSE(y)

行为动作：删除: ISCLOSE(y)

OP2: CLOSE(x, y)

先决条件: NEAR(x, y) ∧ ISOPEN(y)

行为动作: 删除: ISOPEN(y)

添加: ISCLOSE(y)

OP3: GOTO(x, y)

先决条件: NEAR(x, ~y)

行为动作: 删除: NEAR(x, y)

添加: NEAR(x, y)

OP4: PICKDOWN(x, y, z)

先决条件: NEAR(x, z) ∧ HOLDING(x, y) ∧ CLEAR(z)

行为动作: 删除: CLEAR(z) ∧ HOLDING(x, y)

添加: ON(x, z)

OP5: PICKUP(x, y)

先决条件: NEAR(x, z) ∧ IN(y, z) ∧ ISOPEN(z) ∧ HANDEMPTY(x)

行为动作: 删除: IN(y, z) ∧ HANDEMPTY(x)

添加: HOLDING(x, y) ∧ IN(y, ~z)

7.2.2 基于谓词逻辑规划的基本过程

上述的规划问题就可以依序转化为下列几个子问题的规划:

Plan1: 机器人 R 从 L_3 处走到工具箱 T 的旁边, 其先决条件假设为 S_1;

Plan2: 机器人 R 打开工具箱 T, 其先决条件假设为 S_2;

Plan3: 机器人 R 从工具箱中取出探测仪 W, 其先决条件假设为 S_3;

Plan4: 机器人 R 从工具箱 T 的旁边走到探测架 F 的旁边, 其先决条件假设为 S_4;

Plan5: 机器人 R 把探测仪 W 放在探测架 F 上, 其先决条件假设为 S_5;

至此机器人 R 的任务完成。其规划图如图 7-3 所示。

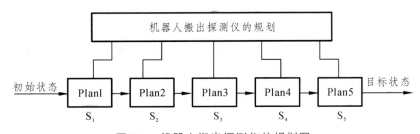

图 7-3 机器人搬出探测仪的规划图

给出用谓词逻辑描述的机器人规划序列:

初始状态:

AT(T, L_1) ∧ IN(W, T) ∧ ISCLOSE(T) ∧ AT(F, L_2) ∧ CLEAR(F) ∧ AT(R, L_3) ∧ HANDEMPTY(R)

Plan1：

OP3: GOTO(R, T)

注：AT(R, L_3)满足 NEAR(R, ~T)，且 HANDEMPTY(R)，故 GOTO(R, T)的先决条件被满足。

中间状态 1：

AT(T, L_1) ∧ IN(W, T) ∧ ISCLOSE(T) ∧ AT(F, L_2) ∧ CLEAR(F) ∧ NEAR(R, T) ∧ HANDEMPTY(R)

Plan2：

OP1: OPEN(R, T)

注：OPEN(R, T)的先决条件 NEAR(R, T) ∧ ISCLOSE(T)被满足。

中间状态 2：

AT(T, L_1) ∧ IN(W, T) ∧ ISOPEN(T) ∧ AT(F, L_2) ∧ CLEAR(F) ∧ NEAR(R, T) ∧ HANDEMPTY(R)

Plan3：

OP5: PICKUP(R, W)

注：PICKUP(R, W)的先决条件 NEAR(R, T) ∧ IN(W, T) ∧ ISOPEN(T) ∧ HANDEMPTY(R)被满足。

中间状态 3：

AT(T, L_1) ∧ IN(W, ~T) ∧ ISOPEN(T) ∧ AT(F, L_2) ∧ CLEAR(F) ∧ NEAR(R, T) ∧ HOLDING(R, W)

Plan4：

OP3: GOTO(R, F)

注：AT(R, L_1)满足 NEAR(R, ~T)，且 HOLDING(R, W)，故 GOTO(R, T)的先决条件被满足。

中间状态 4：

AT(T, L_1) ∧ IN(W, ~T) ∧ ISOPEN(T) ∧ AT(F, L_2) ∧ CLEAR(F) ∧ NEAR(R, F) ∧ HOLDING(R, W)

Plan5：

OP5: PICKDOWN(R, W, F)

注：先决条件 NEAR(R, F) ∧ HOLDING(R, W) ∧ CLEAR(F)被满足。

目标状态：

AT(T, L_1) ∧ IN(W, ~T) ∧ ISOPEN(T) ∧ AT(F, L_2) ∧ ON(W, F) ∧ NEAR(R, F) ∧ HAND EMPTY(R)

7.3 STRIPS 规划系统

7.3.1 积木世界的机器人规划

机器人问题求解即寻求某个机器人的动作序列（可能包括路径等），这个序列能够使该机器人达到预期的工作目标，完成规定的工作任务。

动作举例如下：

unstack(A, B)：把堆放在积木 B 上的积木 A 拾起。在进行这个动作之前，要求机器人的手为空手，而且积木 A 的顶上是空的。

stack(A, B)：把积木 A 堆放在积木 B 上。动作之前要求机械手必须已抓住积木 A，而且积木 B 顶上必须是空的。

pickup(A)：从桌面上拾起积木 A，并抓住它不放。在动作之前要求机械手为空手，而且积木 A 顶上没有任何东西。

putdown(A)：把积木 A 放置到桌面上。要求动作之前机械手已抓住积木 A。

为了指定机器人所执行的操作和执行操作的结果，我们需要应用下列谓词：

ON(A, B)：积木 A 在积木 B 之上。

ONTABLE(A)：积木 A 在桌面上。

CLEAR(A)：积木 A 顶上没有任何东西。

HOLDING(A)：机械手正抓住积木 A。

HANDEMPTY：机械手为空手。

机械手抓取积木如图 7-4 所示。

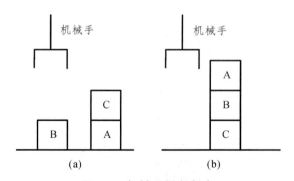

图 7-4　机械手抓取积木

初始布局可由下列谓词公式的合取来表示：

CLEAR(B)：积木 B 顶部为空；

CLEAR(C)：积木 C 顶部为空；

ON(C, A)：积木 C 堆在积木 A 上；

ONTABLE(A)：积木 A 置于桌面上；

ONTABLE(B)：积木 B 置于桌面上；

HANDEMPTY：机械手为空手；

用谓词逻辑来描述此目标为

ON(B, C)∧ON(A, B)

1. 用 F 规则求解规划序列

STRIPS 规划系统的规则，由三部分组成。

第一部分是先决条件。这个先决条件公式是逻辑上遵循状态描述中事实的谓词演算表达式。在应用 F 规则之前，必须确信先决条件是真的。

第二部分是删除表。当一条规则被应用于某个状态描述或数据库时，就从该数据库删去删除表的内容。

第三部分叫作添加表。当把某条规则应用于某数据库时，就把该添加表的内容添进该数据库。

机器人的 4 个动作（或操作符）可用 STRIPS 形式表示如下：

（1）stack(X, Y)。

先决条件和删除表：HOLDING(X)∧CLEAR(Y)

添加表：HANDEMPTY, ON(X, Y)

（2）unstack(X, Y)。

先决条件：HANDEMPTY∧ON(X, Y)∧CLEAR(X)

删除表：ON(X, Y), HANDEMPTY

添加表：HOLDING(X), CLEAR(Y)

（3）pickup(X)。

先决条件：ONTABLE(X)∧CLEAR(X)∧HANDEMPTY

删除表：ONTABLE(X)∧HANDEMPTY

添加表：HOLDING(X)

（4）putdown(X)。

先决条件和删除表：HOLDING(X)

添加表：ONTABLE(X), HANDEMPTY

目标为 ON(B, C)∧ON(A, B)。

从初始状态描述开始正向操作，只有 unstack(C, A)和 pickup(B)两个动作可以应用 F 规则。

得到一个能够达到目标状态的动作序列如下：

{unstack(C, A), putdown(C), pickup(B), stack(B, C), pickup(A), stack(A, B)}

就把这个动作序列叫作达到这个积木世界机器人问题目标的规划。

7.3.2 STRIPS 系统规划

STRIPS(Stanford Research Institute Problem Solver)，即斯坦福研究所问题求解系统，是从被求解的问题中引出一般性结论而产生规划的。

1. STRIPS 系统的组成

（1）世界模型。

为一阶谓词演算公式。

（2）操作符(F 规则)。

包括先决条件、删除表和添加表。

（3）操作方法。

应用状态空间表示和中间结局分析。例如：

状态：(M, G)，包括初始状态、中间状态和目标状态。

初始状态：(M0(G0))。

目标状态：得到一个世界模型，其中不遗留任何未满足的目标。

STRIPS 是决定把哪个指令送至机器人的程序设计。该机器人世界包括一些房间、房间之间的门和可移动的箱子；在比较复杂的情况下还有电灯和窗户等。

对于 STRIPS 来说，任何时候所存在的具体的突出的实际世界都由一套谓词演算子句来描述。描述任何时刻的世界的数据库就叫作世界模型。控制程序包含许多子程序。

2. 系统的规划过程

（1）问题的表示。

每个 STRIPS 问题的解答为某个实现目标的操作符序列，即达到目标的规划。下面举例说明 STRIPS 系统规划的求解过程。

考虑 STRIPS 系统——一个比较简单的情况，即要求机器人到邻室去取回一个箱子，如图 7-5 所示。

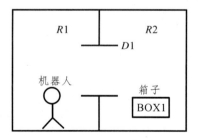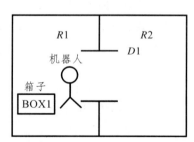

图 7-5　机器人取回邻室箱子示意图

设有两个操作符，即 gothru 和 pushthru（"走过"和"推过"）：

OP1: gothru(d, r1, r2)

机器人从房间 r1 走过门 d 而进入房间 r2。

先决条件：INROOM(ROBOT, r1)∧CONNECTS(d, r1, r2)；机器人在房间 r1 内，而且门 d 连接 r1 和 r2 两个房间。

删除表：INROOM(ROBOT, S)；

添加表：INROOM(ROBOT, r2)。

OP2：pushthru(b, d, r1, r2)

机器人把物体 b 从房间 r1 经过门 d 推到房间 r2。

先决条件：INROOM(b, rl)∧INROOM(ROBOT, rl)∧CONNECTS(d, r1, r2)

删除表：INROOM(ROBOT, S), INROOM(b, s)；

添加表：INROOM(ROBOT, r2), INROOM(b, r2)。

gothru 和 pushthru 的差别如表 7-1 所示。

表 7-1 差别表

差别	操作符	
	gothru	pushthru
机器人和物体不在同一房间内	×	
物体不在目标房间内		×
机器人不在目标房间内	×	
机器人和物体在同一房间内，但不是目标房间		×

初始状态 M0：

INROOM(ROBOT, R1)∧INROOM(BOX1, R2)∧CONNECTS(D1, R1, R2)

目标 G0：

INROOM(ROBOT, R1)∧INROOM(BOX1, R1)∧CONNECTS(D1, R1, R2)

（2）基于中间结局分析方法的规划求解。

下面采用中间结局分析方法来逐步求解这个机器人规划。

① do GPS 的主循环迭代，until M0 与 G0 匹配为止。

② begin。

③ M0 不能满足 G0，找出 M0 与 G0 的差别。尽管这个问题不能马上得到解决，但是如果初始数据库含有语句 INROOM(BOX1, R1)，那么这个问题的求解过程就可以得到继续。GPS 找到它们的差别 d1 为 INROOM(BOX1, R1)，即要把箱子（物体）放到目标房间 R1 内。

④ 选取操作符：一个与减少差别 d1 有关的操作符。根据差别表，STRIPS 选取操作符为：

OP2: pushthru(BOX1, d, r1, R1)

⑤ 消去差别 d1，为 OP2 设置先决条件 G1 为：

G1: INROOM(BOX1, r1)∧INROOM(ROBOT, r1)∧CONNECTS(d, r1, R1)

这个先决条件被设定为子目标，而且 STRIPS 试图从 M0 到达 G1。

G1 仍然不能得到满足，也不可能马上找到这个问题的直接解答。

不过 STRIPS 发现：

如果 r1=R2, d=D1，当前数据库含有

INROOM(ROBOT, R1)

那么此过程能够继续进行。现在新的子目标 G1 为

G1: INROOM(BOX1, R2) ∧ INROOM(ROBOT, R2) ∧ CONNECTS(D1, R2, R1)

⑥ GPS(p)：重复第 3 步至第 5 步，迭代调用，以求解此问题。

步骤 3：G1 和 M0 的差别 d2 为 INROOM(ROBOT, R2)，即要求机器人移到房间 R2。

步骤 4：根据差别表，对应于 d2 的相关操作符为 OP1: gothru(d, r1, R2)

步骤 5：OP1 的先决条件为：

G2: INROOM(ROBOT，R1) ∧ CONNECTS(d, r1, R2)

步骤 6：应用置换式 r1=R1 和 d=D1，STRIPS 系统能够达到 G2。

⑦ 把操作符 gothru(Dl, R1，R2)作用于 M0，求出中间状态 M1：

删除表：INROOM(ROBOT, R1)

添加表：INROOM(ROBOT, R2)

M1: INROOM(ROBOT, R2)

INROOM(BOX1, R2)

CONNECTS(D1, R1, R2)

把操作符 pushthru 应用中间状态 M1：

删除表：INROOM(ROBOT, R2), INROOM(BOX1, R2)

添加表：INROOM(ROBOT, R1), INROOM(BOX1, R1)

得到另一中间状态 M2 为：

M2: INROOM(ROBOT, R1)

INROOM(BOX1，R1)

CONNECTS(D1，R1，R2)

M2=G0

⑧ end。

由于 M2 与 G0 匹配，所以我们通过中间结局分析解答了这个机器人规划问题。在求解过程中，所用到的 STRIPS 规则为操作符 OP1 和 OP2，即 gothru(D1, R1, R2), pushthru(BOX1, D1, R2, R1)。

中间状态模型 M1 和 M2，即子目标 G1 和 G2，得到的最后规划为{OP1, OP2}，即 {gothru(D1, R1, R2), pushthru(BOX1, D1, R2, R1)}。

这个机器人规划问题的搜索图与树如图 7-6、图 7-7 所示。

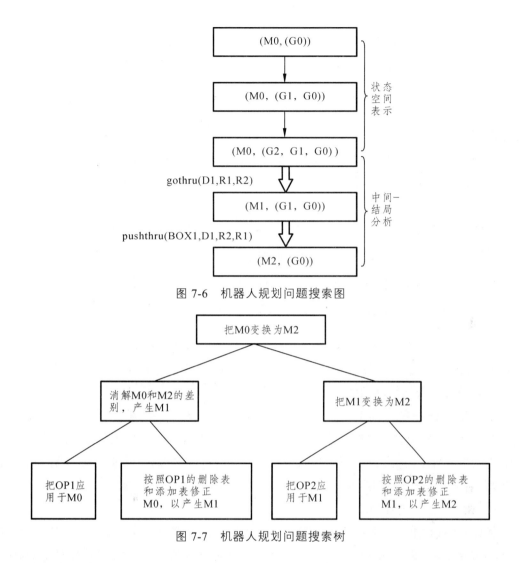

图 7-6　机器人规划问题搜索图

图 7-7　机器人规划问题搜索树

7.4　分层规划

要求解困难的问题，一个问题求解系统可能不得不产生出冗长的规划。为了有效地对问题进行求解，重要的是在求得一个针对问题的主要解答之前，能够暂时删去某些细节，然后设法填入适当的细节。在 ABSTRIPS 系统中，研究出一种较好的方法在抽象空间的某一层进行规划，而不管抽象空间较低层的每个先决条件。

7.4.1　长度优先搜索

问题求解的 ABSTRIPS 方法：

首先，全面求解此问题时只考虑那些可能具有最高临界值的先决条件，这些临界值反映出满足该先决条件的期望难度。

应用所建立起来的初步规划作为完整规划的一个轮廓，并考虑下一个临界层的先决条件。用满足那些先决条件的操作符来证明此规划。在选择操作符时，也不管比现在考虑的这一层要低的所有二低层先决条件。

继续考虑越来越低层的临界先决条件的这个过程，直至全部原始规划的先决条件均被考虑到为止。

因为这个过程探索规划时首先只考虑一层的细节，然后再注意规划中比这一层低一层的细节，所以我们把它叫作长度优先搜索。不能被任何操作符满足的先决条件是最临界的。

要使分层规划系统应用类似 STRIPS 的规划进行工作，除了规划本身之外，还必须知道可能出现在某个先决条件中的每项适当的临界值。

7.4.2 NOAH 规划系统

1. 应用最小约束策略

一个寻找非线性规划而不必考虑操作符序列的所有排列的方法是把最少约束策略应用来选择操作符执行次序的问题。所需要的是某个能够发现那些需要的操作符的规划过程，以及这些操作符间的任何需要的排序。

在应用这种过程之后才能应用第二个方法来寻求那些能够满足所有要求约束的操作符的某个排序。问题求解系统 NOAH 采用一种网络结构来记录它所选取的操作符之间所需要的排序。它也分层进行操作运算，即首先建立起规划的抽象轮廓，然后在后续的各步中，填入越来越多的细节。

说明 NOAH 系统如何求解积木世界问题。

操作符 STACK：如果提供了任何两个物体顶上均为空的条件，那么操作符 STACK 就能够把其中任一个物体放置在另一个物体（包括桌子）上，STACK 操作还包括拾起要移动的物体。

这个问题求解系统的初始状态图如图 7-8 中 A 所示。第一件要做的事是把这个问题分成两个子问题，如图 7-8 中 B 所示。这时，问题求解系统已决定采用操作符 STACK 来达到每个目标，但是它们还没有考虑这些操作符的先决条件。标记有 S 的节点表示规划中的一个分解，它的两个分量都一定要被执行，但其执行次序尚未确定。

在下一步（即第 3 层），考虑了 STACK 的先决条件。在这个问题表示中，这些先决条件只是两个有关积木必须顶部为空。系统记录下操作符 STACK 能够被执行前必须满足的先决条件，如图 7-8 中 C 所示。

这时，该图表明操作符有两种排序：要求只有一个（即在堆叠前必须完成清顶工作），而关系暂不考虑（即有两种堆叠法）。

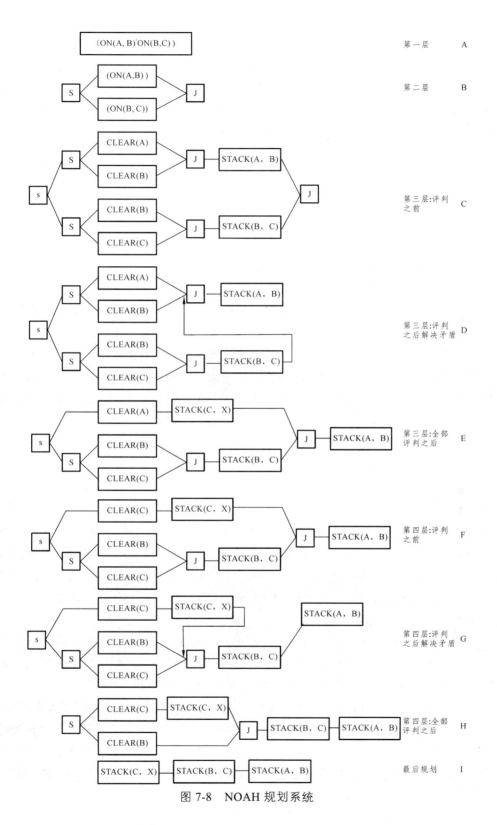

图 7-8　NOAH 规划系统

2. 检验准则

NOAH 系统应用一套准则来检验规划并查出子规划间的互相作用。每个准则都是一个小程序，它对所提出的规则进行专门观测。在 NOAH 系统中，准则被用来提出推定的方法以便修正所产生的规划。第一个涉及的准则是归结矛盾准则，它所做的第一件事是建立一个在规划中被提到一次以上的所有文字的表。这个表包括下列登记项：

CLEAR(B):

确定节点 2: CLEAR(B)

否定节点 3: STACK(A, B)

确定节点 4: CLEAR(B)

CLEAR(C):

确定节点 5: CLEAR(C)

否定节点 6: STACK(B, C)

当某个已知文字必须为真时，产生了对操作程序的约束；但是，这个约束在执行一个操作之前可能将被另一个操作所取消。如果出现这种情况，那么要求文字为真的操作必须首先被执行。已经建立起来的表指出一个操作下必须为真的而又为另外一个操作所否定的所有文字。在执行某个操作之前，往往要求某些东西为真，但这些东西同时又被同样的操作所否定。从此表中删除去那些被操作所否定的先决条件，而该操作正是由这些先决条件所保证的。

做了这一步之后，我们得到下列表：

CLEAR(B):

否定节点 3: STACK(A, B)

确定节点 4: CLEAR(B)

应用这个表，系统得出结论：由于把 A 放到 B 上可能取消把 B 放到 C 上的先决条件，所以必须首先把 B 放到 C 上面。图 7-8 中 D 说明了加上这个排序约束之后的规划。

第二个准则叫作消除多余先决条件准则，包括除去对子目标的多余说明。注意到图 D 中目标 CLEAR(B)出现两次，而且本规划的最后一步才被否定去。这意味着，如果 CLEAR(B)实现一次，那就足够了。

图 7-8 中 E 表示出由该规划的一段中删去 CLEAR(B)而得到的结果。由于下一段的最后动作必须在上一段的最后动作之前发生，所以从上段删去 CLEAR(B)。因此，下段动作的先决条件必须比上段动作的先决条件早些确定。

现在，规划过程前进至细节的下一步，即第四层。得出的结论是：要使 A 顶部为空，就必须把 C 从 A 上移开。要做到这一步，C 必须已经是顶部为空的。图 7-8 中 F 表明这点的规划，接着，再次应用归结矛盾准则，就生成表示在图 7-8 中 G 的规划。要产生这个规划，该准则观测到：把 B 放到 C 上会使 CLEAR(C)为假，所以，有关使 C 的顶部为空的每件事，都必须在把 B 放在 C 之前做好。

下一步，调用消除多余先决条件准则。值得注意的是，CLEAR(C)需要进行两次。在 C 可能被放置到任何地方之前，必须确定 CLEAR(C)。而把 C 放置到某处并不取消它原有的顶部为空的条件。因为在把 B 放到 C 上之前，必须把 C 放置于某处，而后者是要求 C 的顶部为空的另一提法。

当我们准备好要把 B 放到 C 上面时，C 应该是顶部为空的。因此，CLEAR(C)可从下段路径中删除去。这样做的结果，产生了如图 7-8 中 H 所示的规划。

在规划的这一点上，系统观测到：余下的目标 CLEAR(C) 和 CLEAR(B) 在初始状态中均为真。因此，所产生的最后规划如图 7-8 中 I 所示。这个例子提供了一个方法的粗略要点。这个方法表明，我们可以把分层规划和最小约束策略十分直接地结合起来，以求得非线性规划而不产生一个庞大的搜索树。

课后习题

简答题

有哪几种重要的机器人高层规划系统？它们各自有什么特点？

第 8 章　Agent 系统

8.1　智能体系统

人类的大部分智能活动往往涉及由多人形成的组织、群体及社会等，并且往往是由多个人、多个组织、多个群体，甚至整个社会协作进行的。如何模拟和实现人类的这种智能行为，人们提出了分布智能的概念。

分布智能主要研究在逻辑上或物理上分布的智能系统或智能对象之间，如何相互协调各自的智能行为，包括知识、动作和规划，实现对大型复杂问题的分布式求解。

20 世纪 90 年代，多智能体系统（Multi-Agent Systems，MAS）的研究成为分布式人工智能研究的热点。多智能体系统主要研究自主的智能体之间智能行为的协调，为了一个共同的全局目标，协作进行问题求解。

基于智能体的概念，人们提出了一种新的人工智能定义："人工智能是计算机科学的一个分支，它的目标是构造能表现出一定智能行为的智能体。"所以，智能体的研究应该是人工智能的核心问题。斯坦福大学计算机科学系的 F.Hayes-Roth 在 IJCAI-95 的特邀报告中谈道："计算机智能体既是人工智能最初的目标，也是人工智能最终的目标。"

关于智能体的研究不仅受到了人工智能研究人员的关注，也吸引了数据通信、人机界面设计、机器人、并行工程等各领域的研究人员的兴趣。有人认为："基于智能体的计算（Agent-Based Computing，ABC），将成为软件开发的下一个重要的突破。"

8.1.1　分布智能的主要特点

1. 分布性

分布式智能系统中不存在全局控制和全局的数据存储，所有数据、知识及控制，无论在逻辑上还是在物理上都是分布的。

2. 互联性

分布式智能系统的各子系统之间通过计算机网络实现互联，其问题求解过程中的通信代价一般要比问题求解代价低得多。

3. 协作性

分布式智能系统的各子系统之间通过相互协作进行问题求解，并能够求解单个子系统难以求解甚至无法求解的困难问题。

4. 独立性

分布式智能系统的各子系统之间彼此独立，一个复杂任务能被划分为多个相对独立的子任务进行求解。

分布智能的主要研究方向有两个：一个是分布式问题求解，另一个是多 Agent 系统。其中，多 Agent 系统是分布智能研究的一个热点。

8.1.2　分布式问题求解

分布式问题求解的主要任务是要创建大粒度的协作群体，使它们能为同一个求解目标而共同工作。其主要研究内容是如何在多个合作者之间进行任务划分和问题求解。

1. 分布式问题求解系统的类型

① 层次结构：任务是分层的。
② 平行结构：任务是平行的。
③ 混合结构：任务总体分层，每层子任务平行。

2. 分布式问题求解的协作方式

① 任务分担方式：节点之间通过分担执行整个任务的子任务相互协作。
② 结果共享方式：节点之间通过共享部分结果相互协作。

3. 分布式问题求解的过程

① 判断任务可否接受。
② 对任务进行分解。
③ 将任务分配到合适的节点上。
④ 各节点对子任务进行局部解析。
⑤ 系统对各子节点提交的局部解进行综合。
⑥ 若用户对解满意，则求解结束；否则，重新求解。

8.2　多 Agent 系统

多 Agent 系统由多个自主 Agent 所组成。其主要任务是创建一群自主 Agent，并协调它们的自主行为。

8.2.1　Agent 的概念

多智能体系统主要研究在逻辑上或物理上分离的多个智能体协调其智能行为，即知识、目标、意图及规划等，实现问题求解。可以看作是一种由底向上设计的系统。智能体的理论模型研究主要从逻辑、行为、心理、社会等角度出发，对智能体的本质进行描述，为智能体系统创建奠定基础。

多 Agent 系统（Multi-Agent System，MAS）是 Agent 技术的一个重点研究课题；MAS 也是分布式人工智能（DAI）的基本内容之一。

普遍观点：Agent 是一种能够在一定环境中自主运行和自主交互，以满足其设计目标的计算实体。

弱定义：Agent 是具有自主性、社会性、反应性和能动性的计算机软件系统或硬件系统。

强定义：Agent 是一个实体，它的状态可以看作是由信念、能力、选择、承诺等心智构件构成。

8.2.2 Agent 的特性

① 自治性（Autonomy）：智能体能根据外界环境的变化，而自动地对自己的行为和状态进行调整，而不是仅仅被动地接受外界的刺激，具有自我管理自我调节的能力。

② 反应性（Reactive）：能对外界的刺激做出反应的能力。

③ 主动性（Proactive）：对于外界环境的改变，智能体能主动采取活动的能力。

④ 社会性（Social）：智能体具有与其他智能体或人进行合作的能力，不同的智能体可根据各自的意图与其他智能体进行交互，以达到解决问题的目的。

⑤ 进化性（Evolutionary）：智能体能积累或学习经验和知识，并修改自己的行为以适应新环境。

8.2.3 Agent 的类型

1. 按工作环境分

① 软件 Agent：从软件设计角度对 Agent 的解释。

② 硬件 Agent：物理环境下驻留的 Agent，如机器人。

③ 人工生命 Agent：人工生命具有自然生命现象和特征的人造生命系统；人工生命 Agent 是指生存在某种人造生命系统中的虚拟生命体，如人工鱼等。

2. 按属性分

① 反应 Agent。

② 认知 Agent。

③ 混合 Agent。

8.2.4 Agent 系统的特性与类型

1. 多 Agent 系统的特性

① 每个单一 Agent 仅有优先的信息资源和问题求解能力。

② 系统本身不存在全局控制，即控制是分布的。

③ 知识与数据均是分散的。

④ 计算是异步执行的。

2. 多 Agent 系统的类型

根据系统中 Agent 的功能结构分：

① 同构型系统。系统中的 Agent 具有相同功能和结构。

② 异构型系统。系统中的 Agent 功能、结构和目标不同。

根据系统中 Agent 对环境知识存储的方式分：

① 反应式多 Agent 系统：系统由反应式 Agent 构成，其行为以对环境的感知为基础。

② 黑板模式多 Agent 系统：系统中的信息均存储在一个称为黑板的存储区内。

③ 分布式存储多 Agent 系统：系统中的 Agent 通过数据封装拥有自己的私有信息，并利用消息通信实现不同 Agent 之间信息交换、知识共享和协作求解。

8.2.5　多 Agent 系统的体系结构

（1）Agent 网络。

（2）Agent 联盟。

（3）黑板结构。

◆　软件工程界推出的多 Agent 系统的体系结构标准：

（1）FIPA(The Foundation for Intelligent Physical Agents)标准的 MAS 体系结构，如图 8-1 所示。

基于 Agent 的应用程序
Agent 通信
Agent 管理
Agent 消息传输

图 8-1　FIPA 的 MAS 体系结构

消息传输层的作用：

① 能支持多种传输协议，例如：IIOP、HTTP、WAP 等。

② 以特定方式套封消息，例如：XML 用于 HTTP 协议下的消息封装，bit-efficient 用于 WAP 下的消息封装。

③ 能够表达 FIPA 的 ACL，例如：使用字符串编码、XML 编码、bit-efficient 编码。

④ Agent 管理层处理 Agents 的创建、注册、寻址、通信、迁移以及退出等操作，它提供如下服务：

A. 白页服务，比如 Agent 定位（寻址）、命名和控制访问服务。

B. 黄页服务，比如服务定位、注册服务等。

C. Agent 消息传输服务。

Agent 通信层是一种基于通信谓词又叫通信断言的机制,支撑这种机制的就是 Agent 通信语言 ACL。ACL 描述两部分内容:其一是通信的行为者,其二是通信的内容,并且支持上下文机制。FIPA 的 ACL 是在早期的 Agent 通信语言 ARCOL 和 KQML 基础上形成的。在内容描述方面,FIPA 使用一种内容语言作为 FIPA 语义语言,这些内容语言就是通常的约束选择语言,比如 KIF、RDF 等。FIPA 交互协议描述了通过某些行为或者交互以完成某种目的而进行的对话。

应用过程示例,如图 8-2 所示。

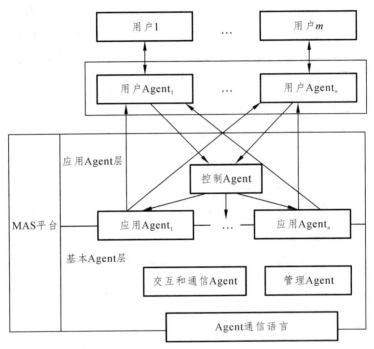

图 8-2 基于 FIPA -MAS 体系结构标准的多 Agent 系统应用示例

(2)OMG(Object Management Group)的多 Agent 系统体系结构特点-应用分为以下几种:

① 企业级应用,主要包括:智能文档(Smart Document)、面向目标的企业规划、动态人事管理等。

② 交互级企业应用,主要包括产品或者服务的市场拓展、代理商管理、团队管理。

③ 过程控制,包括智能大厦、工厂管理、机器人等。

④ 个人 Agents,包括像邮件和新闻过滤、个人日程管理、自动秘书等。

⑤ 信息管理任务,包括信息检索、信息过滤、信息监视、数据资源调节、Agents 和个人助手程序间的交互。

以上这些基本涵盖了目前 Agent 系统的应用范围,基于此,OMG 给出了一种多 Agent 系统的参考结构(详见 http://agent.omg.org)。

8.2.6　多 Agent 合作

多 Agent 系统可以看作是一个由一群自主 Agent 所构成的一个社会。在这个社会中，每个 Agent 都有自己的利益和目标，并且它们的利益有可能存在冲突，目标也有可能不一致。

多 Agent 的合作包括：① Agent 协调，是指对 Agent 之间的相互作用和 Agent 动作之间的内部依赖关系的管理。它描述的是一种动态行为，反映的是一种相互作用的性质。它的两个最基本的成分是"有限资源的分配"和"中间结果的通信"。② Agent 协作，是指 Agent 之间相互配合一起工作，它是非对抗 Agent 之间保持行为协调的一个特例。③ Agent 协商，协商主要用来消解冲突、共享任务和实现协调，Agent 协商是多 Agent 系统实现协调和解决冲突的一种重要方法。

（1）Agent 协调。

常用的协调方法：基于部分全局规划的协调；部分全局规划是指对一个 Agent 组的动作和相互作用进行组合所形成的数据结构。所谓规划是部分的，是指系统不能产生整个问题的规划。所谓规划是全局的，是指 Agent 通过局部规划的交换与合作，可以得到一个关于问题 i 求解的全局视图，进而形成全局规划。

基于联合意图的协调：意图是 Agent 为达到愿望而计划采取的动作步骤。联合意图则是指一组合作 Agent 对它们所从事的合作活动的整体目标的集体意图。其典型例子是 Agent 机器人竞赛中的队内 Agent 机器人之间的协调问题，这些 Agent 既有自己的个体意图，又有全队的联合意图。

基于社会规范的协调：基于社会规范的协调是一种以每个 Agent 都必须遵循的社会规范为基础的协调方法。所谓规范是一种建立的、期望的行为模式。社会规范可以对 Agent 社会中各 Agent 的行为加以限制，以过滤掉某些有冲突的意图和行为，保证其他 Agent 的行为方式，从而确保 Agent 自身行为的可能性，以实现整个 Agent 社会行为的协调。

（2）Agent 协作。

合同网是 Agent 协作中最著名的一种协作方法，被广泛应用于各种多 Agent 系统的协作中。其思想来源于人们在日常活动中的合同机制。在合同网协作系统中，所有 Agent 被分为管理者和工作者两种不同角色。

管理者 Agent 的主要职责包括：

① 对每一个需要求解的任务建立其任务通知书（Task Announcement），并将任务通知书发送给有关的工作者 Agent。

② 接受并评估来自工作者 Agent 的投标（bidding）。

③ 从所有投标中选择最合适的工作者 Agent，并与其签订合同（contract）。

④ 监督合同的执行，并综合结果。

工作者 Agent 的主要职责包括：

① 接受相关的任务通知书。

② 评价自己的资格。

③ 对感兴趣的子任务返回任务投标。

④ 如果投标被接受，按合同执行分配给自己的子任务。

⑤ 向管理者报告求解结果。

合同网系统的基本工作过程如图 8-3 所示。

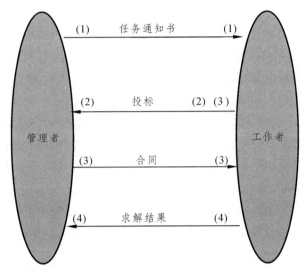

图 8-3 合同网系统的基本工作过程

（3）Agent 协商。

协商的主要方法包括协商协议、协商策略和协商处理。

① 协商协议。

协商协议是用结构化方法描述的多 Agent 自动协商过程的一个协商行为序列。它需要详细说明初始化一个协商循环和相应消息的各种可能情况。最简单的协商协议是按照：<协商原语><协商内容>这种形式定义的一个可能的协商行为序列。

② 协商策略。

协商策略是模型化 Agent 内部协商推理的控制策略，也是实现协商决策的元级知识，在协商过程中起着重要的作用。协商策略主要用于 Agent 决策及选择协商协议和通信消息。

③ 协商处理。

协商处理包括协商算法和系统分析两个方面。其中，协商算法用于描述 Agent 在协商过程中的行为，如通信、决策、规划和知识库操作等；系统分析用于分析和评价 Agent 协商的行为和性能，回答协商过程中的问题求解、算法效率和公平性等问题。

多 Agent 系统的应用非常广泛，诸如智能信息检索、分布式网络管理、电子商务、协同工作和智能网络教学系统等。以智能网络教学系统为例，如图 8-4 所示。

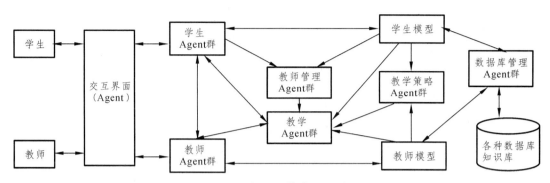

图 8-4　智能网络教学系统

教学 Agent 群是整个系统的核心，每个教学 Agent 都具有某一方面的专业知识及相应的教学能力，去组织相应的教学活动。

教学策略 Agent 群中每个 Agent 都相当于一个教育家，它都能够根据学生模型所提供的学习情况，做出教学决策，并传给教学 Agent 群，为其教学活动提供依据。

教学管理 Agent 群的主要功能是监视教学过程，并根据学生的学习反应和教学内容的性质向教学 Agent 提供教学参考意见。例如，增减教学案例、提供练习等。

教师 Agent 群中的每个教师 Agent 相当于一个教师，它根据教学 Agent 的教学安排完成对学生的教学活动，并向教学 Agent 反馈学生的学习情况。

学生 Agent 群中的每个 Agent 相当于一个学生，在学习开始时向教学 Agent 提出学习请求，在学习过程中向教师 Agent 反馈相关信息，在学习结束后向学生模型写入学习进度和学习效果，并将学习结果反馈给教师 Agent。

数据库管理 Agent 群负责对各种数据库、知识库的管理，以及各种数据库、知识库与学生模型、教师模型之间的交互。

学生模型，是一种用来描述学生基本信息和学习情况的数据结构，如学生的学号、姓名等基本信息和学生的知识水平、学习能力、学习兴趣、学习风格等学习情况。

教师模型是一种用来描述教师教学行为和所提供教学服务情况的数据结构。各种数据库、知识库用来存放教学过程所需的各种基本信息、教学资源和知识等。

8.3　移动 Agent 系统

移动 Agent（MA）是一种可以从网络上一个节点自主地移动到另一个节点，实现分布式问题处理的特殊 Agent，由移动 Agent 和移动 Agent 环境（MAE）两大部分所组成，如图 8-5 所示。

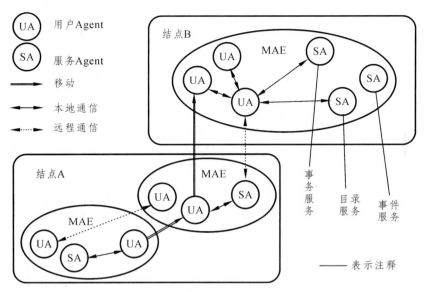

图 8-5 移动 Agent 系统的一般结构

课后习题

简答题

1. 分布式人工智能系统有何特点？试与多艾真体系统的特性加以比较。

2. 什么是艾真体？你对 Agent 的译法有何见解？

3. 艾真体在结构上有何特点？在结构上又是如何分类的？每种结构的特点是什么？

4. 艾真体为什么需要互相通信？

5. 试述艾真体通信的步骤、类型和方式。

6. 艾真体有哪几种主要通信语言？它们各有什么特点？

7. 多艾真体系统有哪几种基本模型？其体系结构又有哪几种？

8. 试说明多艾真体的协作方法、协商技术和协调方式。

9. 为什么多艾真体需要学习与规划？

10. 你认为多艾真体系统的研究方向应是哪些？其应用前景又如何？

11. 选择一个你熟悉的领域，编写一页程序来描述艾真体与环境的作用。说明环境是否是可访问的、确定性的、情节性的、静态的和连续的。对于该领域，采用何种艾真体结构为好？

12. 设计并实现几种具有内部状态的艾真体，并测量其性能。对于给定的环境，这些艾真体如何接近理想的艾真体？

13. 改变房间的形状和摆设物的位置，添加新家具。试测量该新环境中各艾真体，讨论如何改善其性能，以求处理更为复杂的地貌。

14. 有些艾真体一旦得知一个新句子，就立即进行推理，而另一些艾真体只有在得到请求后才进行推理。这两种推理方法在知识层、逻辑层和执行层将有何区别？

15. 应用布尔电路为无名普斯世界设计一个逻辑艾真体。该电路是一个连接输入（感知阀门）和输出（行动阀门）的逻辑门的集合。

（1）试解释为什么需要触发器。

（2）估计需要多少逻辑门和触发器。

参考文献

[1] 牛百齐. 人工智能导论[M]. 北京：机械工业出版社，2023.

[2] 许春燕. 人工智能导论[M]. 北京：电子工业出版社，2022.

[3] 刘若辰. 人工智能导论[M]. 北京：清华大学出版社，2021.

[4] 刘刚. 人工智能导论[M]. 北京：北京邮电大学出版社，2020.

[5] 钱银中. 人工智能导论[M]. 北京：高等教育出版社，2020.

[6] 杨忠明. 人工智能应用导论[M]. 西安：西安电子科技大学出版社，2019.